市政工程丛书

Municipal Engineering Series

市政给水排水
燃气环卫工程
质量通病防治指南

安关峰　主编

U0198504

中国建筑工业出版社

图书在版编目（CIP）数据

市政给水排水燃气环卫工程质量通病防治指南 / 安关峰主编 .
北京：中国建筑工业出版社，2019.8
（市政工程丛书）
ISBN 978-7-112-24024-1

Ⅰ. ①市… Ⅱ. ①安… Ⅲ. ①市政工程—给排水系统—工程
质量—质量控制—指南②市政工程—燃气—热力工程—工程质量—
质量控制—指南③实证工程—环境卫生—工程质量—质量控制—指
南 Ⅳ. ① TU991-62 ② TU996-62 ③ R12-62

中国版本图书馆 CIP 数据核字（2019）第 164350 号

责任编辑：李玲洁　田启铭
书籍设计：付金红　柳　冉
责任校对：赵听雨

市政工程丛书
市政给水排水燃气环卫工程质量通病防治指南
安关峰　主编
＊
中国建筑工业出版社出版、发行（北京海淀三里河路 9 号）
各地新华书店、建筑书店经销
北京雅盈中佳图文设计公司制版
北京缤索印刷有限公司印刷
＊
开本：787×1092 毫米　1/16　印张：10$\frac{1}{4}$　字数：220 千字
2019 年 10 月第一版　2019 年 10 月第一次印刷
定价：89.00 元
ISBN 978-7-112-24024-1
　　　（34521）

编委会

主　　编：安关峰

副 主 编：袁永钦

编　　委：陈建宁　陈锦赠　吴　强　林浩添
　　　　　王　睿　李碧清　何伟清　钟　亮
　　　　　徐　政　何德华　唐　霞　厉延焕

主编单位：广州市市政工程协会
　　　　　广州市市政集团有限公司

参编单位：广州市净水有限公司
　　　　　广州市自来水公司
　　　　　广州市自来水工程公司
　　　　　广州燃气集团有限公司
　　　　　广州市第三市政工程有限公司

前　言

　　市政工程是指市政设施建设工程。在我国，市政设施是指在城市区、镇（乡）规划建设范围内设置、基于政府责任和义务为居民提供有偿或无偿公共产品和服务的各种建（构）筑物、设备等。城市生活配套的各种公共基础设施建设都属于市政工程范畴，比如常见的城市道路、桥梁、隧道、城市轨道交通、给水排水工程、综合管廊工程、垃圾处理处置工程等；与生活紧密相关的雨水、污水、上水、中水、电力、电信、热力、燃气等各种管线工程；还有城市广场、城市绿化、城市照明等工程。

　　"百年大计，质量第一"是每个市政人的职业追求，是每一个施工企业的立命之本。为贯彻十九大建设质量强国和弘扬"追求卓越，铸就经典"的国优精神，广州市市政工程协会与广州市市政集团有限公司会同行业内21家大型企业与高校，专门组成编制委员会，结合市政工程行业特点，综合了市政各专业，编制了市政工程丛书，以期推动市政工程质量上水平、出精品，为城市奉献高品质的设施。本册为《市政给水排水燃气环卫工程质量通病防治指南》（以下简称《指南》）。

　　《指南》按照现行设计、施工技术标准及质量验收规范要求，以市政工程为分析对象，汇集了各施工单位、监理单位及有关专家近年来治理质量通病的经验和措施；以正面典型、规范施工工艺为模板；全面列举质量通病现象，分析产生原因，介绍施工工艺要求和预防措施，以图文并茂的形式展现了质量通病治理的效果，使质量通病治理和防治更加标准化、形象化、具体化、实用化。

　　《指南》共分为3章，主要内容包括：第1章给水排水工程、第2章燃气工程以及第3章环卫工程。《指南》共列举了给水排水工程28项、燃气工程16项、环卫工程44项共计88项质量通病项目。全书每项质量通病都介绍了通病现象、规范标准相关规定、原因分析、预防措施，并通过参考图示、图片的形式加以说明，具有适用面广、针对性强、简明扼要、图文并茂等特点。《指南》具有实操性、实用性、示范性，对治理、防治质量通病具很强的指导作用，对建设各方提高工程质量水平具有借鉴意义。

本书内容丰富、图文并茂，可以供从事市政工程建设、管理、监理、监督、设计、施工、维护的管理和专业技术人员的使用，同时可作为大专院校工程专业的教学科研参考书。

本《指南》在使用过程中，敬请各单位总结和积累资料，随时将发现的问题和意见寄交广州市市政工程协会，供今后修订时参考。通信地址：广州市环市东路 338 号银政大厦 8 楼，邮编：510060，E-mail：13318898238@126.com。

编委会

2018 年 12 月

目　录

第1章 给水排水工程

1.1 地基与基础工程

1.1.1 通病名称：管道天然地基承载力不足

1. 通病现象

一般分两种情况，一是未被扰动的天然地基承载力不足（图 1.1-1），如淤泥层等；二是天然地基土被明显扰动，承载力下降，如地下水的影响。地基承载力不足易引起管道变形或开裂、地面开裂或下沉等一系列问题。

图 1.1-1　地基承载能力不足

2. 规范标准相关规定

《给水排水管道工程施工及验收规范》GB 50268—2008

4.4.1　管道地基应符合设计要求，管道天然地基的强度不能满足设计要求时应按设计要求加固。

4.4.2　槽底局部超挖或发生扰动时，处理应符合下列规定：

1　超挖深度不超过 150mm 时，可用挖槽原土回填夯实，其压实度不应低于原地基土的密实度；

2　槽底地基土壤含水量较大，不适于压实时，应采取换填等有效措施。

4.4.3　排水不良造成地基土扰动时，可按以下方法处理：

1　扰动深度在 100mm 以内，宜填天然级配砂石或砂砾处理；

2　扰动深度在 300mm 以内，但下部坚硬时，宜填卵石或块石，再用砾石填充空隙并找平表面。

4.4.4　设计要求换填时，应按要求清槽，并经检查合格；回填材料应符合设计要求或有关规定。

4.4.5　灰土地基、砂石地基和粉煤灰地基施工前必须按本规范第 4.4.1 条规定验槽并处理。

3. 原因分析

（1）抢工期。

（2）地基土处置经验不足。

（3）地下水浸泡。

4. 预防措施

（1）设计措施：认真领悟图纸关于地基承载力要求，对照现状有疑问的及时联系设计人明确解决方案。

（2）施工措施：原土夯实。

5. 治理措施

（1）及时导引坑底积水。

（2）原土夯实或换土夯实。

（3）加强地基层密实度检测。

6. 工程实例图片（图 1.1-2、图 1.1-3）

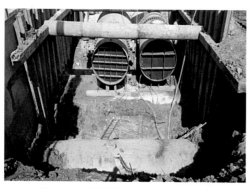
图 1.1-2　坑槽底部地基土换填并夯实

图 1.1-3　坑槽底部地基土原土碾压密实

1.1.2　通病名称：管道基坑侧壁位移过大

1. 通病现象

侧壁受单侧横向力，若支护不力，则位移过大，易引起侧壁倒塌等安全问题，而且基坑施工面积缩小，影响施工面，导致其他施工质量问题（图 1.1-4）。

2. 规范标准相关规定

《给水排水管道工程施工及验收规范》GB 50268—2008

4.3 沟槽开挖与支护

4.3.10 沟槽支撑应符合以下规定：

1 支撑应经常检查，发现支撑构件有弯曲、松动、移位或劈裂等迹象时，应及时处理；雨期及春季解冻时期应加强检查；

2 拆除支撑前，应对沟槽两侧的建筑物、构筑物和槽壁进行安全检查，并应制定拆除支撑的作业要求和安全措施；

3 施工人员应由安全梯上下沟槽，不得攀登支撑。

图 1.1-4 管道基坑侧壁位移过大

3. 原因分析

（1）基坑深度大，侧壁负荷过大。

（2）竖向支撑打进深度小，侧向变形过大。

（3）竖向支撑缝隙大，地下水渗出并带出砂土。

（4）横向支撑间距大。

4. 治理措施

（1）侧壁降土卸荷。

（2）选用长一级的钢板桩，深打。

（3）钢板桩密扣，防止侧壁水土流失。

（4）增加横撑。

5. 工程实例图片（图 1.1-5）

图 1.1-5 侧壁支护完整

1.1.3 通病名称：管道坑槽回填密实度不足

1. 通病现象

若回填层密实度不足，长期运行情况下，回填层慢慢下沉压实，易引起管道变形或开裂、管坑上部路面开裂甚至沉陷（图 1.1-6）。

2. 规范标准相关规定

《给水排水管道工程施工及验收规范》GB 50268—2008

4.4.1 管道地基应符合设计要求，管道天然地基的强度不能满足设计要求时，应按设计要求加固。

图 1.1-6 管道坑槽回填密实度不足

4.4.2 槽底局部超挖或发生扰动时，处理应符合下列规定：

1 超挖深度不超过 150mm 时，可用挖槽原土回填夯实，其压实度不应低于原地基土的密实度；

2 槽底地基土壤含水量较大，不适于压实时，应采取换填等有效措施。

4.4.3 井室、雨水口及其他附属构筑物周围回填应符合下列规定：

1 井室周围的回填，应与管道沟槽回填同时进行；不便同时进行时，应留台阶形接茬；

2 井室周围回填压实时应沿井室中心对称进行，且不得漏夯；

3 回填材料压实后，应与井壁紧贴；

4 路面范围内的井室周围，应采用石灰土、砂、砂砾等材料回填，其回填宽度不宜小于 400mm；

5 严禁在槽壁取土回填。

4.4.4 除设计有要求外，回填材料应符合下列规定：

1 采用土回填时，应符合下列规定：

1）槽底至管顶以上 500mm 范围内，土中不得含有机物、冻土以及大于 50mm 的砖、石等硬块；在抹带接口处、防腐绝缘层或电缆周围，应采用细粒土回填；

2 采用石灰土、砂、砂砾等材料回填时，其质量应符合设计要求或有关标准规定。

4.6.3 沟槽回填应符合下列规定：回填土压实度应符合设计要求。

3．原因分析

（1）抢工期。

（2）没按规范分层回填并夯实。

（3）回填料含大量杂质。

（4）带水回填。

1）施工时，天然地基受到扰动如泡水、超挖等，未按规定处理，导致路基沉降量大；

2）回填土的压实度差，产生不均匀沉降，导致管道范围内路面开裂；

3）渗漏使管周水土流失，路面下产生空洞，从而导致路面开裂。

4．治理措施

（1）回填料筛选，首选级配石屑或中砂，不可填建筑垃圾。

（2）按施工规范分层回填、压实。

（3）不允许仅用冲水方式回填，要采用机具压实。

（4）加强回填密实度检测。

（5）管道施工前应做好临时排水措施，以防泡槽。

（6）管沟开挖时，发生超挖现象应按规定进行处理。

（7）保填土应分层压实，符合设计文件或施工及验收规范规定的要求：

1）管顶以上 500mm 内不得回填大于 100mm 的石块、砖块等杂物，并用小型夯实机或小型压路机分层压实。

2）沟槽回填的顺序按沟槽排水方向由高向低分层进行，沟槽两侧同时回填夯实，防止管道位移。

3）管沟填土施工同步进行，严禁单侧回填，两侧填土填筑高差，不超过一个土层厚度；填土分层夯实，每层的虚铺厚度按设计要求或试验段取得数据实施。

4）管腋部填土必须塞严、捣实，保持与管道紧密接触。

5）回填土的压实度必须满足设计要求，设计无要求时要满足标准和规范相关要求。

5. 工程实例图片（图 1.1-7）

图 1.1-7　回填密实度检测

1.1.4　通病名称：工作井（沉井）偏斜

1. 通病现象

沉井筒体偏斜，致使井筒内的实际有效断面减少；沉井井筒中心线与刃脚中心线不竖直，反映在井筒最上部的各个基准点之间出现高差、沉井垂直度偏差超过允许值，沉井就位后，底面、顶面位置与设计位置偏差超过规范标准相关规定允许值（图 1.1-8）。

2. 规范标准相关规定

《沉井与气压沉箱施工规范》GB/T 51130—2016

图 1.1-8　沉井偏斜

4.1.1　沉井施工前应对垫层厚度、下沉系数、接高稳定性、封底混凝土等内容进行计算与验算，计算和验算时所取的作用力均采用标准值。

4.1.3　水域沉井与沉箱在溜放、拖运以及沉放施工时，应对沉井与沉箱的倾斜稳定性进行验算；水域沉井与沉箱的前后两面水平作用不均衡时，尚应验算抗滑移及抗倾覆稳定性。

4.1.4　钢筋混凝土沉井与气压沉箱在分节制作时，每节井（箱）壁上端水平钢筋应加强。

5.1.1　施工前应对施工现场进行踏勘，了解邻近建（构）筑物、堤防、地下管线和地下障碍物等状况，按要求做好沉降位移的定期监测及监护工作。水域环境沉井与沉箱施工前尚应对洪汛、凌汛、河床冲刷、通航及漂流物等做好调查研究，并应采取相应防护措施。

5.1.2　施工前应设置测量控制网，进行定位放线、布置水准基点等工作。

5.1.5　分节制作的钢筋混凝土沉井与气压沉箱，下沉前首节的混凝土强度必须达到设计强度，其余各节不得低于设计强度的 70%。

5.1.6　沉井与气压沉箱制作时应符合下列规定：

1　地基承载力不能符合沉井与气压沉箱制作和接高稳定要求时，在施工前应进行地基处理；

2　首节制作高度不宜大于 6m，其余节制作高度宜控制在 6m ~ 8m；

3　分节制作高度不宜大于沉井与气压沉箱的短边或者直径。

5.1.7　沉井与气压沉箱为多次制作多次下沉时，每次接高均应符合稳定性要求。

5.1.9　沉井与气压沉箱下沉前，应完成井壁防水层施工，并应做好下沉高差、平面偏差的观测。

3. 原因分析

（1）测量定位差错。

（2）沉井制作场地土质不良，刃脚下的土质软硬不匀，事前未进行地基处理。

（3）在抽除支承垫木时不按对称均匀施工，抽除后又未及时回填夯实，致使沉井在制作和初沉阶段就出现偏斜。

（4）刃脚与井壁施工质量差，没有均匀挖土使刃脚不平、不垂直，刃脚和井壁中心线不竖直，使刃脚失去导向的功能。

（5）开挖面偏挖，局部超挖过深，使刃脚下部掏空过大，或因刃脚一侧被障碍物搁住，未能及时发现和处理，沉井正面阻力不均匀、不对称，下沉中途停沉和突沉。

（6）沉井外弃土和堆载，井上附加荷载分布不均，造成对井壁的偏心压力。

（7）沉井壁后减阻措施局部失效，侧向摩阻力不对称。

（8）不排水下沉时，沉井在中途盲目排水迫沉，或沉井内补水不及时。

（9）在下沉过程中没有及时采取防偏纠偏措施。

（10）筑岛被水流冲坏或沉井一侧的土被水冲刷掏空。

发生倾斜并纠偏时，井身常在倾斜一侧下部产生较大的压力，因而产生一定的位移，位移大小随土质情况及向一侧倾斜的次数而定。

4. 预防措施

（1）加强测量复核。

（2）施工中控制沉井不继续向偏移方向倾斜；有意使沉井向偏移相反的方向倾斜，当几次倾斜纠正后，即可恢复正确位置。或有意使沉井向偏位一方倾斜，然后沿倾斜方向下沉，直至刃脚处中心线与设计中心线位置相吻合或接近，再倾斜纠正。

（3）沉井的制作场地应预先清理平整夯（压）实。如土质不良或软硬不匀，应采取换土等地基加固措施。施工时应使沉井上的附加荷载均匀分布。

（4）抽除支承垫木应依次、对称、分区、同步地进行。每次抽去垫木后，刃脚下应立即用砂或砾砂填实。定位支点处的垫木，应最后同时抽除。

（5）严格按操作规程施工，刃脚和井壁施工质量必须符合设计要求。

（6）按合理顺序挖土，使沉井正面阻力均匀和对称。

（7）沉井壁后减阻措施一般是在沉井壁后的环形空间充填减阻介质，如壁后充填泥浆、施放压缩空气、充填河卵石或砂等。

（8）不排水下沉时，沉井的井内水位不得低于井外水位，挖流动性土时，应使井内水位高出井外水位 1m 以上，否则，应向沉井内及时灌水补足。

（9）在下沉过程中应根据测量资料随沉随纠偏。沉井初沉和终沉阶段应增加观测次数，必要时连续观测。

（10）事前加强对筑岛的防护，对受水流冲刷的一侧可采用抛片石或卵石防护。

5. 工程实例图片（图 1.1-9）

图 1.1-9　沉井无偏斜

1.1.5　通病名称：沉井超沉或欠沉

1. 通病现象

下沉完毕后的沉井，刃脚平均标高偏差超过允许偏差值，沉井井壁上的预埋件及预留孔洞位置的标高误差超过了允许偏差范围（图 1.1-10）。

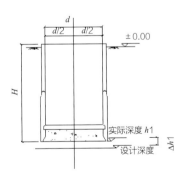

说明：
1. 本图除标高以米为单位外，其他以毫米为单位。
2. 超沉或欠沉表现：$\Delta h1$ 或 $\Delta h2$ 大于允许偏差范围

图 1.1-10　沉井超沉或欠沉

2. 规范标准相关规定

《城市桥梁工程施工与质量验收规范》CJJ 2—2008

10.1.7　基坑内地基承载力必须满足设计要求。基坑开挖完成后，应会同设计、勘探单位实地验槽，确认地基承载力满足设计要求。

10.7.5　沉井基础质量检验应符合下列规定：

5　封底填充混凝土应符合下列要求：

　　1）沉井在软土中沉至设计高程并清基后，待 8h 内累计下沉小于 10mm 时，方可封底；检查数量：全数检查。检验方法：水准仪测量。

　　2）沉井应在封底混凝土强度达到设计要求后方可进行抽水充填。检查数量：全数检查。检验方法：抽水前检查同条件养护试件强度试验报告。

3. 原因分析

（1）封底时沉井下沉尚未稳定。

（2）测量差错。

（3）沉井封底时基底承载力达不到设计要求而未进行处理。

（4）封底混凝土强度未达到设计要求即进行抽水充填。

4. 预防措施

（1）当沉井下沉至距设计标高以上 1.5～2m 的终沉阶段时，应加强下沉观测，待 8h 的累计下沉量不大于 10mm 时，沉井趋于稳定，方可进行封底。

（2）注意测量工作，对测量标志应加强校核。

（3）检验封底地基承载力，达到设计及规范要求后方可浇注封底混凝土。

（4）沉井在封底混凝土强度达到设计要求后方可进行抽水充填。

5. 工程实例图片（图 1.1-11）

图 1.1-11　沉井下沉深度符合要求

1.2　水处理构筑物工程

1.2.1　通病名称：构筑物开裂与渗漏

1. 通病现象

构筑物出现开裂或渗漏现象（图 1.2-1）。

2. 规范标准相关规定

（1）相关设计规范

《给水排水工程钢筋混凝土水池结构设计规程》CECS 138—2002

5.3.4　钢筋混凝土水池结构构件的最大裂缝宽度不应大于下列规定的限制 w_{max}：

1　清水池、给水水质净化处理构筑物 0.25mm；

图 1.2-1　构筑物渗漏

2 污水处理构筑物 0.20mm。

（2）相关施工规范

1）《给水排水构筑物工程施工及验收规范》GB 50141—2008

6.2.2 混凝土模板安装应按现行国家标准《混凝土结构工程施工质量验收规范》GB 50204 的相关规定执行，并应符合下列规定：

6 采用穿墙螺栓来平衡混凝土浇筑对模板的侧压力时，应选用两端能拆卸的螺栓，并应符合下列规定：

1）两端能拆卸的螺栓中部宜加焊止水环，且止水环不宜采用圆形；

2）螺栓拆卸后混凝土壁面应留有 40 ～ 50mm 深的锥形槽；

3）在池壁形成的螺栓锥形槽，应采用无收缩、易密实、具有足够强度、与池壁混凝土颜色一致或接近的材料封堵，封堵完毕的穿墙螺栓孔不得有收缩裂缝和湿渍现象。

8 设有变形缝的构筑物，其变形缝处的端面模板安装还应符合下列规定：

1）变形缝止水带安装应固定牢固、线形平顺、位置准确；

2）止水带面中心线应与变形缝中心线对正，嵌入混凝土结构端面的位置应符合设计要求；

3）止水带和模板安装中，不得损伤带面，不得在止水带上穿孔或用铁钉固定就位；

4）端面模板安装位置应正确，支撑牢固，无变形、松动、漏缝等现象。

2）《混凝土结构工程施工质量验收规范》GB 50204—2015

8.1.2 现浇结构的外观质量缺陷应由监理（建设）单位、施工单位等各方根据其对结构性能和使用功能影响的严重程度按表8.1.2确定。

现浇结构外观质量缺陷（摘录）　　　　　　　　　　表8.1.2

名称	现象	严重缺陷	一般缺陷
裂缝	缝隙从混凝土表面延伸至混凝土内部	构件主要受力部位有影响结构性能或使用功能的裂缝	其他部位有少量不影响结构性能或使用功能的裂缝

3. 原因分析

（1）设计原因

1）设计时未对结构的变形及抗裂予以重视。

2）伸缩缝、施工缝未设置或设置不合理。

3）钢筋设置不合理，间距放置过大，使得其调节板内应力的能力降低，或在混凝土结构收到约束的部位，未配置构造钢筋或采取相应的防裂构造措施。

（2）施工原因

1）混凝土的振捣、养护方式不正确，影响结构自防水质量。

2）外防水层材料的质量差，施工工艺不正确影响防水效果。

3）对拉螺栓没设置止水环或止水环与螺栓焊缝不饱满，给池体渗漏预留通道。

4）变形缝、施工缝位置结构自防水薄弱，止水带安装、混凝土施工等工序不够认真。

5）混凝土的配合比不良，混凝土坍落度大，水灰比大增加混凝土收缩，容易产生干缩裂缝。

6）钢拌制混凝土生产没按要求施工配合比执行，混凝土运输浇筑方式不合理导致离析，混凝土的原材料发生变化，没有及时调整配合比。

7）混凝土浇筑不连续出现冷缝，混凝土的振捣、养护方式不正确，没有采取相应的有效措施。

8）大体积混凝土施工时没有采取分层施工、降低入模时温度等措施，造成混凝土结构开裂。

（3）材料原因

1）水泥未有良好的颗粒级配。

2）水泥的出厂质量不合格。

3）骨料质量差、级配不合理。

4）外加剂或矿物掺和料的影响。

4．预防措施

（1）设计措施

1）对体量大或外形和刚度变化的混凝土结构，宜设置伸缩缝或设置适量的后浇带，释放作用效应。

2）提高建筑构配件及其连接或材料抗裂性能。

3）在选用新材料或制品时，应根据工程应用情况，对环境的适应情况、体积稳定性和抗变形能力等进行确认。

（2）施工措施

1）根据不同的地形情况分别采用混凝土输送泵、溜槽、串筒及起重机吊运输送至作业面浇筑，混凝土自由倾落高度不能超过 2m；输送泵间歇时间不宜超过 45min。

2）防水混凝土的原材料，每班检查原材料称量，在浇筑地点测定混凝土坍落度，如有变化时，应及时调整混凝土的配合比；混凝土到达现场后，核对预拌混凝土出厂质量证明书，并在现场作坍落度核对，允许 ±1 ~ 2cm 误差，超过者立即通知搅拌站调整，严禁在现场任意加水。

3）主体混凝土施工，应按设计变形缝或作施工缝为区段间隔施工，并一次灌注完毕，保证混凝土连续供应。

4）混凝土必须采用振捣器振捣，振捣时间宜为 10 ~ 30s，并以混凝土开始泛浆和不冒气泡为准；振捣器移距不宜大于作用半径一倍，插入下层混凝土深度不小于 5cm。混凝土浇筑完毕 12h 内进行覆盖和浇水养护，养护时间不小于 7 昼夜。

5）混凝土入仓温度控制在 28℃以下，延长拆模时间，做好保温工作，用麻袋覆盖浇水加强对混凝土表面养护。

6）外防水层材料经检测合格后方能使用，施工前对防水基面作打凿、填补等处理，确保基面平整、干净、光洁。

7）对拉螺栓中部加焊方形止水环，止水环与螺栓焊缝必须饱满。

8）施工缝位置，对难以清扫的墙缝边角，模板支设时需考虑清扫口，浇筑混凝土前用压缩空气和高压水枪将浮浆清理干净，要求堵头模板拼缝严密，不允许有漏浆情况。变形缝内中置式橡胶止水带在端头模板支设时同时安装，采用细铅丝固定于止水带钢筋夹，固定点间距不得大于 30cm。

（3）材料措施

优先选用低、中热水泥；严格控制骨料的含泥量；在混凝土配合比设计上要尽量减少水泥用量，尽可能在满足施工工艺的要求下降低水灰比、坍落度和砂率；宜采用"双掺"技术（掺减水剂和掺粉煤灰）。

5. 治理措施

（1）对于裂缝宽度小于 0.2mm 的裂缝，细微裂缝采用表面封闭法，较宽的裂缝采用开槽封闭法。

（2）对于宽度大于等于 0.2mm 的裂缝，采用自动低压灌浆处理技术。

6. 工程实例图片（图 1.2-2）

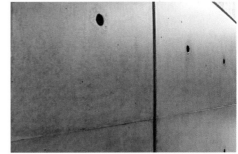

图 1.2-2 构筑物完好

1.2.2 通病名称：预埋件（孔洞）偏位

1. 通病现象

预埋件（孔洞）偏位不符合规范规定。

2. 规范标准相关规定

（1）相关设计规范

《混凝土结构设计规范》GB 50010—2010

9.7.4 预埋件锚筋中心至锚板边缘的距离不应小于 2d 和 20mm。预埋件的位置应使锚筋位于构件的外层主筋的内侧。

（2）相关施工规范

1）《给水排水构筑物施工及验收规范》GB 50141—2008

6.2.2 混凝土模板安装应按现行国家标准《混凝土结构工程施工质量验收规范》GB 50204 的相关规定执行，并应符合下列规定：

9 固定在模板上的预埋管、预埋件的安装必须牢固，位置准确；安装前应清除铁锈和油污，安装后应做标志。

6.2.10 采用振捣器捣实混凝土应符合下列规定：

4 浇筑预留孔洞、预埋管、预埋件及止水带等周边混凝土时，应辅以人工插捣。

6.7.7　现浇混凝土管渠施工应符合下列规定：

10　浇筑管渠混凝土时，应经常观察模板、支架、钢筋骨架预埋件和预留孔洞，有变形或位移时，应立即修整。

2)《混凝土结构工程施工质量验收规范》GB 50204—2015

4.2.9　固定在模板上的预埋件和预留孔洞均不得遗漏，且应安装牢固。有抗渗要求的混凝土结构中的预埋件，应按设计及施工方案要求采取防渗措施。

预埋件和预留孔洞的位置应满足设计和施工方案要求。当设计无具体要求时，其位置偏差应符合表 4.2.9 的规定。

预埋件和预留孔洞的安装允许偏差　　　　　　　　　　表4.2.9

项目		允许偏差（mm）
预埋钢板中心线位置		3
预埋管、预留孔中心线位置		3
插筋	中心线位置	5
	外露长度	+10，0
预埋螺栓	中心线位置	2
	外露长度	+10，0
预留洞	中心线位置	10
	尺寸	+10，0

注：检查中心线位置时，应沿纵、横两个方向量测，并取其中的较大值。

3. 原因分析

（1）预埋件固定的方式选取不当，导致模板安装、混凝土浇筑过程中，预埋件随固定部位的位移而偏移。

（2）混凝土振捣操作不当，预埋件受外力作用松动偏移。

（3）预埋孔洞模板刚性不足。

4. 预防措施

（1）预埋件位于现浇混凝土上表面时，根据预埋件尺寸和使用功能的不同，有如下几种固定方式。

1）平板型预埋件尺寸较小，可将预埋件直接绑扎在主筋上，但在浇筑混凝土过程中，需随时观察其位置情况，以便出现问题后及时解决。

2）角钢预埋件也可以直接绑扎在主筋上，为了防止预埋件下的混凝土振捣不密实，应在固定前先在预埋件上钻孔供混凝土施工时排气。

3）面积大的预埋件施工时，除用锚筋固定外，还要在其上部点焊适当规格角钢，以防止预埋件位移，必要时在锚板上钻孔排气。对于特大预埋件，须在锚板上钻孔用来振实混凝土，但钻孔的位置及大小不能影响锚板的正常使用。

（2）当预埋件位于混凝土侧面时，可选用下列方法。

1）预埋件距混凝土表面浅且面积较小时，可利用螺栓紧固卡子使预埋件贴紧模板，成型后再拆除卡子。

2）预埋件面积不大时，可用普通铁钉或木螺丝将预先打孔的埋件固定在木模板上，当混凝土断面较小时，可将预埋件的锚筋接长，绑扎固定。

3）预埋件面积较大时，可在预埋件内侧焊接螺帽，用螺栓穿过锚板和模板与螺帽连接并固定。

（3）混凝土在浇筑过程中，振动棒应避免与预埋件直接接触，在预埋件附近，需小心操作，边振捣边观察预埋件，及时校正预埋件位置，保证其位置正确。

（4）预留孔洞定位准确，符合设计要求，模板安装牢固、强度满足要求。

（5）预埋件定位后及预留孔洞的模板要做好保护工作，避免施工过程中人、物等造成预埋件的损坏或移位。

5. 治理措施

预埋件若超过偏差要求，应采用与预埋件等厚度、同材质的钢板进行补板。锚板埋件补埋一端采用焊接方式，焊缝高度依据设计要求，进行周边焊，焊接质量应符合现行国家标准《钢结构工程施工及验收规范》GB 50205；另一端采用化学螺栓固定。

6. 工程实例图片（图 1.2-3）

图 1.2-3　正确安装预埋件

1.2.3　通病名称：穿墙件处渗漏

1. 通病现象

穿墙件处出现渗漏（图 1.2-4）。

2. 规范标准相关规定

《地下防水工程质量验收规范》GB 50208—2011

5.4.3　固定式穿墙管应加焊止水环或环绕遇水膨胀止水圈，并作好防腐处理；穿墙管应在主体结构迎水面预留凹槽，槽内应用密封材料嵌填密实。

检验方法：观察检查和检查隐蔽工程验收记录。

图 1.2-4　穿墙件处渗漏

5.4.4　套管式穿墙管的套管与止水环及翼环应连续满焊，并作好防腐处理；套管内表面应清理干净，穿墙管与套管之间应用密封材料和橡胶密封圈进行密封处理，并采用法兰盘及螺栓进行固定。

检验方法：观察检查和检查隐蔽工程验收记录。

3．原因分析

（1）施工原因

1）井壁洞圈混凝土不密实。

2）套管与穿墙件间隙填嵌不密实。

3）套管止水环焊接质量差。

（2）材料原因

1）管材与管件不配套。

2）管材质量不合格。

4．预防措施

（1）设计措施

当管道穿墙采用柔性防水穿墙管时，按无缝钢管设计，如采用焊接钢管时，应根据所采用的管材直径修正有关尺寸。

（2）施工措施

1）浇筑套管周边混凝土时，振动棒应与套管保留一定距离，靠近套管位置可用钢筋插捣。

2）穿墙件穿过套管，安装完毕后，应在穿墙件与套管间填嵌设计所要求内衬填料，并填嵌密实。

3）套管止水环应采用方形钢板，焊在套管中间位置，并确保连续满焊。

4）管道穿过井壁的施工应符合以下要求：化学建材类管道宜采用中介法与井壁洞圈连接；金属类压力管道，井壁洞圈应设套管，管道外壁与套管的间隙应四周均匀一致，其间隙宜采用柔性或半柔性材料嵌密实。

（3）材料措施

提高管道材料的质量，加强管材的进场检测，质量验收合格后方可使用。

5．工程实例图片（图1.2-5）

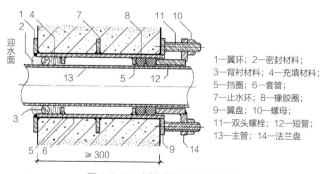

1—翼环；2—密封材料；
3—背衬材料；4—充填材料；
5—挡圈；6—套管；
7—止水环；8—橡胶圈；
9—翼盘；10—螺母；
11—双头螺栓；12—短管；
13—主管；14—法兰盘

图1.2-5　套管式穿墙管防水构造

1.2.4 通病名称：施工缝外观质量缺陷

1. 通病现象

施工缝处出现混凝土蜂窝、酥松，新旧混凝土接茬明显，沿缝隙处渗漏水等（图 1.2-6）。

2. 规范标准相关规定

《混凝土结构工程施工质量验收规范》GB 50204—2015

8.2.1 现浇结构的外观质量不应有严重缺陷。

对已经出现的严重缺陷，应由施工单位提出技术处理方案，并经监理（建设）单位认可后进行处理。对经处理的部位应重新验收。

图 1.2-6 施工缝外观质量缺陷

检查数量：全数检查。

检验方法：观察，检查处理记录。

8.2.2 现浇结构的外观质量不应有一般缺陷。

对已经出现的一般缺陷，应由施工单位按技术处理方案进行处理，并重新检查验收。

检查数量：全数检查。

检验方法：观察，检查处理记录。

3. 原因分析

（1）模板的接缝不严密。

（2）混凝土面没有凿毛，残渣没有冲洗干净，使新旧混凝土结合不牢。

（3）在支模和绑扎钢筋过程中，锯末、铁钉等杂物掉入缝内没有及时清除掉，浇筑上层混凝土后，在新旧混凝土之间形成夹层。

（4）混凝土墙体单薄，钢筋过密，振捣困难，混凝土不密实。

（5）施工缝没有安装止水带。

4. 预防措施

（1）模板的接缝应严密。

（2）混凝土面凿毛，并冲洗干净，表面粗糙，微露粗砂。

（3）在已硬化的混凝土表面上，应清除水泥薄膜和松动石子以及软弱混凝土层，并加以充分湿润和冲洗干净，且不得积水。

（4）混凝土应细致振捣密实，以保证新旧混凝土的紧密结合。

（5）施工缝安装止水带。

5. 处理措施

（1）对于不渗漏水的施工缝出现缺陷后，可沿缝剔成 V 形槽，遇有松散部位，须将松散石子剔除，刷洗干净后，用高强度等级水泥素浆打底，抹 1：2 水泥砂浆找平压实抹光。

（2）根据施工缝渗漏水情况和水压大小，采用促凝胶浆或氰凝（丙凝）灌浆堵漏，其方法见《看图学地下防水堵漏技术（建筑施工类）》。

6. 工程实例图片（图 1.2-7）

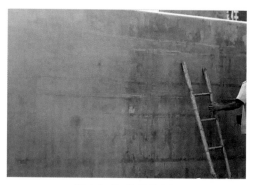

图 1.2-7　施工缝完好

1.3　水厂工艺设备安装工程

1.3.1　通病名称：水泵与电机轴安装不对中缺陷

1. 通病现象

水泵、电机两传动轴的不同轴度径向、轴向超过标准的要求。

2. 规范标准相关规定

《压缩机、风机、泵安装工程施工及验收规范》GB 50275—2010

4.1.3　整体安装的泵安装水平，应在泵的进、出口法兰面或其他水平面上进行检测，纵向安装水平偏差不应大于 0.10/1000，横向安装水平偏差不应大于 0.20/1000；解体安装的泵的安装水平，应在水平中分面、轴的外露部分、底座的水平加工面上纵、横向放置水平仪进行检测，其偏差均不应大于 0.05/1000。

4.1.4　大、中型泵机组找正、调平，应符合下列要求：

1　应以泵轴或驱动机轴为基准，依次找正、调平变速器（中间轴）和泵体或驱动机；其纵、横向安装水平偏差不应大于 0.05/1000；机组轴系纵向安装水平的方向应相同且使轴系形成平滑的轴线，横向安装水平方向不宜相反。

2　联轴器的径向位移、轴向倾斜和端面间隙，应符合随机技术文件的规定；无规定时，应符合现行国家标准《机械设备安装工程施工及验收通用规范》GB 50231 的有关规定；联轴器应设置护罩，护罩应能罩住联轴器的所有旋转零件。

3　汽轮机驱动，输出为高温或低温介质和常温泵轴系在静态下找正、调平时，应按设计规定预留其高温、低温下温度变化的补偿值和动态下温度变化的补偿值。

3. 原因分析

（1）设计原因：设计采用的规范过期或标注数据有误。

（2）施工原因：施工马虎不细心，施工用测量工具或仪器不合格或精度不够，测量误差大。

4. 预防措施

施工安装中，测量要使用经计量检定合格和符合所安装的水泵电机精度要求的测量工具或仪器（如激光对中仪等），严格按规范要求测量检验同轴度数据。

5. 治理措施

施工安装中，测量要使用经计量检定合格和符合所安装的水泵电机精度要求的测量工具或仪器（如激光对中仪等），严格按规范要求测量检验同轴度数据。按下述方法进行测量：先将水泵电机联轴器端面和圆周上均分为 0°、90°、180°、270° 四个位置；测量时，水泵、电机的半联轴器 A 和 B 用螺栓暂连接好，然后装上专用测量工具或仪器（如激光对中仪），在圆周上划好对准线；将水泵、电机的半联轴器 A 和 B 一起转动，使专用工具或对中仪对中，顺次转到 0°、90°、180°、270° 四个位置对准线上，每个位置测量其轴向对中数据 a（间隙）和径向对中数据 b（间隙），对测出的数据进行认真细致核算，检查是否符合施工验收规范要求。

6. 工程实例图片（图 1.3-1、图 1.3-2）

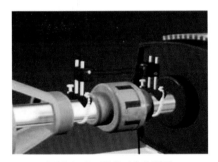 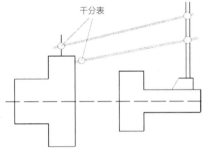

图 1.3-1　激光对中仪测量　　　　　图 1.3-2　千分表（或百分表）测量

1.3.2　通病名称：斜管安装不平整

1. 通病现象

正六角蜂窝斜管（管状、片状焊接成的）成品松脱上浮，与两块斜管间的空隙大（图 1.3-3）。

图 1.3-3　斜管安装不平整

2. 规范标准相关规定

《水处理用斜管》CJ/T 83—2016

6.3　材料力学性能

6.3.1　聚丙烯、乙丙共聚塑料的拉伸强度应不小于25MPa

6.3.2　聚氯乙烯塑料的拉伸强度应不小于45MPa

6.3.3　不锈钢的抗拉强度应不小于520MPa

6.4.1　管口水平面承压强度

单组斜管管口水平面承压强度应不小于1.4kPa，同时应符合下列规定：

1　聚丙烯、乙丙共聚塑料单组斜管总脱焊点不大于5个，同一焊接线上脱焊点应不大于2个；

2　聚氯乙烯塑料单组斜管粘结部位开裂数应不大于5处，同一粘结线上开裂数应不大于2处；

3　不锈钢单组斜管总脱焊点应不大于3个，同一焊接线上脱焊点应不大于1处。

3. 原因分析

（1）设计原因

片状形式焊接成斜管成品比管状焊接成斜管成品的抗压强度要低，当用力压紧后，用强绳绑扎固定时容易贴在一起，减少了上升流速，影响沉淀效果，且使用年限较管状焊接成品的斜管短。

（2）施工原因

1）施工人员在安装期间斜管与斜管之间没有压紧就用绳子绑扎，当沉淀池上水时，两块成品斜管间容易松开，造成斜管间有空隙现象。

2）在绑扎斜管时捆绑不牢，导致两块成品的斜管松脱、上浮，也造成斜管安装不平整现象。

4. 预防措施

严格监管施工质量，确保安装质量。

5. 治理措施

有松脱的马上绑扎。

6. 工程实例图片（图1.3-4）

图1.3-4　斜管安装平整

1.3.3　通病名称：网格反应池格栅脱落

1. 通病现象

铁钉生锈后木条松开（图1.3-5）。

2. 规范标准相关规定

《村镇供水工程施工质量验收规范》SL 688—2013

图 1.3-5　网格反应池格栅脱落

6.2.3　栅条、网格絮凝池的栅条、网格板应预制，安装应牢固。

3. 原因分析

（1）设计原因：设计是用普通铁钉固定，容易锈蚀脱落。

（2）施工原因：施工期间，木条钉装不牢固。

（3）材料原因：由于长期使用，普通的铁钉生锈脱落，使木条不能固定松散，有部分木条冲走。

4. 预防措施

材料措施：改用 304 不锈钢钉固定。

5. 治理措施

将松脱的木条用 304 不锈钢钉重新钉紧。

6. 工程实例图片（图 1.3-6）

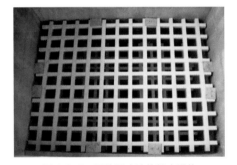

图 1.3-6　网格反应池格栅未脱落

1.3.4　通病名称：滤板浇筑不规范

1. 通病现象

滤板预埋套放置不垂直。

2. 规范标准相关规定

（1）《给水排水设计手册》第三版，第 3 册《城镇给水》

11.5.2.7　配气配水系统：（2）气水室 1）配气孔孔顶宜与滤板板底平，有困难时，可低于板底，但高度差不宜超过 30mm，配气孔布置应避开滤梁，过孔流速为 1.0m/s ～ 1.5m/s 左右。3）支撑滤板的滤板梁应垂直于配气配水渠，且梁顶应留空气平衡缝，缝高 20mm ～ 50mm，长为 1/2 滤板长，布置在每块滤板的中间部位。

（2）《城镇污水处理厂工程施工规范》GB 50334—2017

7.10.7　滤池滤板、滤头及滤砖的安装允许偏差和检验方法应符合表 7.10.7 的规定。

滤池滤板、滤头及滤砖的安装允许偏差和检验方法　　　　　表7.10.7

序号	项目		允许偏差（mm）	检查方法
1	砂过滤池	单块滤板、滤头水平度	2	水平仪检查
		同格滤板、滤头水平度	5	水平仪检查
		整池滤板、滤头水平度	5	水平仪检查
2	深床砂过滤池	滤砖水平度	5	水平仪检查

3. 原因分析

（1）设计原因：滤板钢筋设置不合理与预埋套冲突。

（2）施工原因：预制滤板时，预埋套放置无固定或固定不标准，导致歪斜。

4. 预防措施

（1）预制滤板浇筑时，需要在预埋套放置处使用垂直器或垂直工具令预埋套垂直于预制滤板（图1.3-7）。

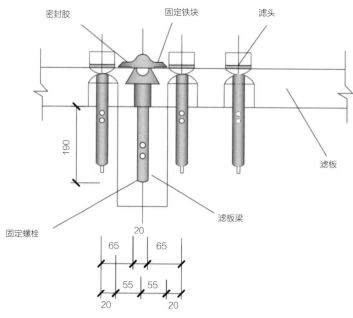

图1.3-7　滤板浇筑

（2）预制滤板浇筑完成后，须复检预埋套的垂直度。特别注意预制滤板边缘处的预埋套的垂直度，因滤板与滤梁安装后，预埋套与滤梁是平齐的，如预埋套歪斜会导致滤头无法安装。

5. 治理措施

复检预埋套垂直度，不及格的滤板必须重新浇筑，不能安装。

6. 工程实例图片（图 1.3-8）

图 1.3-8　滤板预埋套垂直

1.3.5　通病名称：滤头安装不规范

1. 通病现象

（1）滤头缝隙间有裂缝。

（2）滤头拧入预埋套时，用力不当导致滤头损坏，或用力不当压迫密封圈导致密封圈破裂，滤头结构图见图 1.3-9。

2. 规范标准相关规定

《给水排水设计手册》第三版，第 3 册《城镇给水》

11.2.2.4　小阻力配水系统的构造：滤头布置一般为 $50m^2/$ 个 ~ $60m^2/$ 个，按每个滤头的缝隙面积估计，考虑到滤头使用后的堵塞系数，总缝隙面积约为滤池面积的 1% ~ 2.5%。

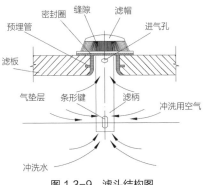

图 1.3-9　滤头结构图

3. 原因分析

（1）设计原因：产品出厂无细致检查残次品；运输搬运过程导致破损。

（2）施工原因：

1）赶工期。

2）施工人员用力过猛。

3）使用工具不当。

4. 预防措施

（1）预留充足的施工时间和人手。

（2）使用专孔扳手拧滤头。

5. 治理措施

（1）现场施工出现爆裂的滤头，必须更换。

（2）双人复检。

（3）使用现场反冲洗试验，检验滤头、滤板安装的布气布水情况。

6. 工程实例图片（图1.3-10）

图 1.3-10　标准滤头安装图

1.3.6　通病名称：阀门安装漏水

1. 通病现象

水厂系统阀门一般为焊接式阀门、法兰式阀门和对夹式阀门。若安装过程中法兰片垫圈安装不当，或垫片老化等均有可能导致漏水现象。另需要焊接安装的阀门，若焊接工艺不达标准，也有可能导致漏水（图1.3-11）。

图 1.3-11　阀门安装漏水

2. 规范标准相关规定

（1）焊条尺寸应符合《焊接材料供货技术条件　产品类型、尺寸、公差和标志》GB/T 25775—2010

（2）焊条技术要求应符合《非合金钢及细晶粒钢焊条》GB/T 5117—2012

4.2　药皮

4.2.1　焊条药皮应均匀、紧密地包覆在焊芯周围，焊条药皮上不应有影响焊接质量的裂纹、气泡、杂质及脱落等缺陷；

4.2.2　焊条引弧端药皮应倒角，焊芯端面应露出。焊条沿圆周的露芯应不大于圆周的 1/2。碱性药皮类型焊条长度方向上露芯长度应不大于焊芯直径的 1/6 或 1.6mm 两者的较小值。其他药皮类型焊条长度方向上露芯长度应不大于焊芯直径的 2/3 或 2.4mm 两者的较小值。

3. 原因分析

（1）施工原因

1）阀门安装前不复核产品合格证和试验记录，没按设计要求核对型号并按介质流向确定其安装方向。

2）阀门安装前未清理干净，未保持关闭状态。安装和搬运阀门时，以手轮作为起吊点，且随意转动手轮，损坏阀门相关部件。

3）阀门连接不自然，存在着强力对接或承受外加重力负荷。法兰周围紧力不均匀，存在附加应力而损坏阀门。

4）法兰或螺纹连接的阀门在开启情况下安装，而对焊接阀门与管道连接紧接在相邻焊口处理后进行，管内部不清洁，焊接时阀门关闭，导致焊接过热垫片变形损坏。

5）阀门的连接法兰密封面应相互平行，在每 100mm 的法兰密封面直径上，平行度偏差不得超过 0.15mm；直角式阀门的连接法兰密封面应相互垂直，在每 100mm 法兰密封面直径上，垂直度偏差不得超过 0.3mm。

（2）材料原因

阀门选型应根据现场所需情况而定，主要参数为阀门类型、阀门公称压力、阀门动力形式、阀门安装形式等。明确阀门在设备或装置中的用途，确定阀门的工作条件，即适用介质、工作压力、工作温度；确定与阀门连接管道的公称通径和连接方式，如法兰、螺纹、焊接等；选用合适的密封垫片和合适的焊条材料。

4. 治理措施

（1）若阀门漏水为阀门及相关材料选型问题，则重新选型。

（2）阀门安装前应清理干净，阀门吊装应得当。

（3）若为密封垫片老化损坏，则应订制相应合适的密封垫片进行更换。

（4）若为阀门连接不自然存在对接或承受外加重力，应拆卸阀门，对阀门连接管道进行修正或更换，再重新安装阀门，必要时可为阀门设计基础石墩以防止阀门因重力而下沉。

（5）若为焊缝不按标准焊接，则应切除旧焊缝管道，按相关标准焊接新管道，口径大的可采用内外焊接形式进行以确保焊缝质量。

5. 工程实例图片（图 1.3-12）

图 1.3-12　阀门安装未漏水

1.4　管道与管渠工程

1.4.1　通病名称：钢管焊缝缺陷

1.通病现象

钢管焊接质量直接影响管道的强度和内外承压能力，由于施焊技术或施工环境条件等因素，焊缝质量缺陷多发（漏焊、夹渣、裂纹、气孔等），尤其是钢管下半圆的外焊缝（图 1.4-1）。

图 1.4-1　钢管焊缝缺陷

2.规范标准相关规定

《给水排水管道工程施工及验收规范》GB 50268—2008

5.3.1　管道安装应符合下列规定：

1　对首次采用的钢材、焊接材料、焊接方法或焊接工艺，施工单位必须在施焊前按设计要求和有关规定进行焊接试验，并应根据试验结果编制焊接工艺指导书；

2　焊工必须按规定经相关部门考试合格后持证上岗，并应根据经过评定的焊接工艺指导书进行施焊；

3　沟槽内焊接时，应采取有效技术措施保证管道底部的焊缝质量。

5.3.17　管道对接时，环向焊缝的检验应符合下列规定：

1　检查前应清除焊缝的渣皮、飞溅物；

3　无损探伤检测方法应按设计要求选用；

4　无损检测取样数量与质量要求应按设计要求执行；设计无要求时，压力管道的取样数量应不小于焊缝量的 10%；

5　不合格的焊缝应返修，返修次数不得超过 3 次。

3.原因分析

（1）开槽时没预留足够的管底施焊凹槽。

（2）工人仰焊技术不稳定。

（3）管底照明不足。

（4）槽底积水导引不及时。

4.预防措施

（1）挖槽时，焊缝位置预留足够的底部烧焊位置及更深的临时抽水井。

（2）底部焊缝位置照明充足。

（3）加强焊缝质量检测，底部焊缝 100% 进行 X 光探伤。

（4）加强工人仰焊技术培训。

（5）内外焊缝加强防腐措施，一般外焊缝部位可采用石油沥青涂料，内焊缝部位采用环氧涂料。

5. 工程实例图片（图 1.4-2、图 1.4-3）

 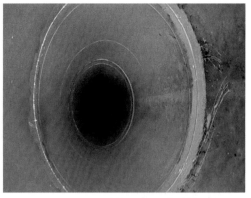

图 1.4-2　仰焊缝施焊均匀　　　　　　　图 1.4-3　内焊缝位置采用环氧涂料保护

1.4.2　通病名称：承插式管道承插不到位

1. 通病现象

球墨铸铁管采用承插式柔性连接，承口与插口要对应承插到位，否则容易出现漏水甚至接口拉脱等情况（图 1.4-4）。

2. 规范标准相关规定

《给水排水管道工程施工及验收规范》GB 50268—2008

5.5.1　管节及管件的规格、尺寸公差、性能应符合国家有关标准规定和设计要求，进入施工现场时其外观质量应符合下列规定：

图 1.4-4　插口推进不到位，第二段标线环外露

1　管节及管件表面不得有裂纹，不得有妨碍使用的凹凸不平的缺陷；

2　采用橡胶圈柔性接口的球墨铸铁管，承口的内工作面和插口的外工作面应光滑、轮廓清晰，不得有影响接口密封性的缺陷。

5.5.2　管节及管件下沟槽前，应清除承口内部的油污、飞刺、铸砂及凹凸不平的铸瘤；柔性接口铸铁管及管件承口的内工作面、插口的外工作面应修整光滑，不得有沟槽、凸脊缺陷；有裂纹的管节及管件不得使用。

5.5.5　橡胶圈安装经检验合格后，方可进行管道安装。

5.5.6　安装滑入式橡胶圈接口时，推入深度应达到标记环，并复查与其相邻已安好的第一至第二个接口推入深度。

5.5.8　管道沿曲线安装时，接口的允许转角应符合表 5.5.8 的规定。

沿曲线安装接口的允许转角　　　　表5.5.8

管径 D（mm）	允许转角（°）
75～600	3
700～800	2
≥900	1

3. 原因分析

（1）施工经验不足。

（2）管段夹角过大。

（3）承口、插口内外杂物未清理。

4. 预防措施

插口推进前做好准备，一般可按两段环状标识，考虑晚上视线不好，一定要清晰标示。

5. 治理措施

（1）清理承口、插口内外杂物。

（2）先对中，再按标识位置推进到位。

（3）推进到位后，大口径管在管内检查承插口位置、胶圈情况。

6. 工程实例图片（图1.4-5）

图1.4-5　清除承口内侧杂物

1.4.3　通病名称：管道变形

1. 通病现象

管道变形（图1.4-6），严重时发生路面塌陷等破坏现象。

2. 规范标准相关规定

《给水排水管道工程施工及验收规范》GB 50268—2008

图1.4-6　管道内部变椭圆形

3.1.9　工程所用的管材、管道附件、构（配）件和主要原材料等产品进入施工现场时必须进行进场验收并妥善保管。进场验收时应检查每批产品的订购合同、质量合格证书、性能检验报告、使用说明书、进口产品的商检报告及证件等，并按国家有关标准规定进行复验，验收合格后方可使用。

4.1.9　给排水管道铺设完毕并经检验合格后，应及时回填沟槽，回填前，应符合下列规定：

1　预制钢筋混凝土管道的现浇筑基础的混凝土强度、水泥砂浆接口的水泥砂浆强度不应小于 5MPa；

2　现浇钢筋混凝土管渠的强度应达到设计要求；

3　混合结构的矩形或拱形管渠，砌体的水泥砂浆强度达到设计要求；

4　井室、雨水口及其他附属构筑物的现浇混凝土强度或砌体水泥砂浆强度应达到设计要求；

5　回填时采取防止管道发生位移或损失的措施；

6　化学建材管道或管径大于 900mm 的钢管、球墨铸铁管等柔性管道在沟槽回填前，应采取措施控制管道的竖向变形；

7　雨期应采取措施防止管道漂浮。

4.5.4　除设计有要求外，回填材料应符合下列规定：

1　采用土回填时，应符合下列规定：

1）槽底至管顶以上 500mm 范围内，土中不得含有机物以及大于 50mm 的砖、石等硬块；在抹带接口处、防腐绝缘层或电缆周围，应采用细粒土回填；

3）回填土的含水量，宜按土类和采用的压实工具控制在最佳含水率 ±2% 范围内；

4.5.10　刚性管道沟槽回填的压实作业应符合下列规定：

2　管道两侧和管顶以上 500mm 范围内胸腔夯实，应采用轻型压实机具，管道两侧压实面的高差不应超过 300mm；

3　管道基础为土弧基础时，应填实管道支撑角范围内腋角部位；压实时，管道两侧应对称进行，且不得使管道位移或损伤；

4.5.11　柔性管道的沟槽回填作业应符合下列规定：

1　回填前，检查管道有无损伤或变形，有损伤的管道应修复或更换；

4.5.12　柔性管道回填至设计高程时，应在 12～24h 内测量并记录管道变形率，管道变形率应符合设计要求，设计无要求时，钢管或球墨铸铁管道变形率应不超过 2%，化学建材管道变形率应不超过 3%。

4.6.3　沟槽回填应符合下列规定：

3　柔性管道的变形率不得超过设计要求或本规范 4.5.12 条规定，管壁不得出现纵向隆起、环向扁平和其他变形情况。

检查方法：观察，方便时用钢尺直接量测，不方便时用圆度测试板或芯轴仪在管内拖拉量测管道变形率；检查记录，检查技术处理资料；

检查数量：试验段（或初始 50m）不少于 3 处，每 100m 正常作业段（取起点、中间点、终点近处各一点），每处平行测量 3 个断面，取其平均值。

3. 原因分析

（1）管材质量（主要指环刚度）不满足设计要求，管顶上方荷载（土体、车辆等）作用，容易产生管道变形、路面塌陷。

（2）垫层的施工质量差，管道受荷载作用时垫层沉陷使管道变形、路面塌陷。

（3）管沟回填时，回填材料夹大块石，管道受挤压变形或破坏；管道下方或腋角填土压实度不满足要求，使管道局部下沉造成变形、路面塌陷。

（4）存在局部天然软弱地基未进行处理，使基底产生不均匀沉降，造成管道变形、路面塌陷。

（5）管道漏水（水从外面流进管内）造成管周水土流失，导致管道局部变形。

4. 预防措施

（1）施工措施

1）管材吊运严格按照施工规范操作。

2）管沟回填料的粒径须严格按规范要求；管沟回填时，必须根据回填的部位和施工工艺选择合适的填料、合适的松铺厚度和压（夯）实机具，特别注意腋角回填质量。

3）开挖管沟后须验槽，不满足设计承载力要求时应进行处理。

（2）材料措施

严格执行管材进场检验制度；HDPE、PVC 等化学建材管保存须特别注意覆盖防晒。管道使用前需注意检查管材外观，存在裂纹、老化、缺角等质量问题管材不得使用。

5. 工程实例图片（图 1.4-7）

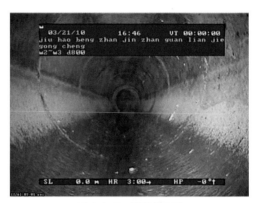

图 1.4-7　管道未变形

1.4.4　通病名称：管道接口漏水

1. 通病现象

管道接口处渗漏（图 1.4-8）。

2. 规范标准相关规定

1）《给水排水管道工程施工及验收规范》GB 50268—2008

3.1.9　工程所用的管材、管道附件、构（配）件和主要原材料等产品进入施工现场时必须进行进场验收并妥善保管。进场验收时应检查每批产品的订购合同、质量合格证书、性能检验报告、使用说明书、进口产品

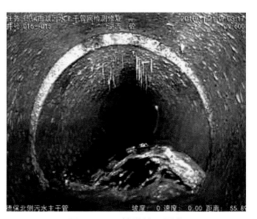

图 1.4-8　管道接口漏水

的商检报告及证件等，并按国家有关标准规定进行复验，验收合格后方可使用。

5.3.2　管节的材料、规格、压力等级等应符合设计要求，管节宜工厂预制，现场加工应符合下列规定：

2 焊缝外观质量应符合表 5.3.2-1 的规定，焊缝无损检验合格。

焊缝的外观质量   表5.3.2-1

项目	技术要求
外观	不得有熔化金属流到焊缝外未熔化的母材上，焊缝和热影响区表面不得有裂纹、气孔、弧坑和灰渣等缺陷；表面光顺、均匀、焊道与母材应平缓过渡
宽度	应焊出坡口边缘 2 ~ 3mm
表面余高	应小于或等于 1+0.2 倍坡口边缘宽度，且不大于 4mm
咬边	深度应小于或等于 0.5mm，焊缝两侧咬边总长不得超过焊缝长度的 10%，且连续长不应大于 100mm
错边	应小于或等于 0.2t，且不应大于 2mm
未焊满	不允许

注：t 为壁厚（mm）

5.6.6 柔性接口的钢筋混凝土管、预（自）应力混凝土管安装前、承口内工作面、插口外工作面应清洗干净；套在插口上的橡胶圈应平直、无扭曲，应正确就位；橡胶圈表面和承口工作面应涂刷无腐蚀性的润滑剂；安装后放松外力，管节回弹不得大于 10mm，且橡胶圈应在承、插口工作面上。

5.6.7 刚性接口的钢筋混凝土管道，钢丝网水泥砂浆抹带接口材料应符合下列规定：

1 选用粒径 0.5 ~ 1.5mm、含泥量不大于 3% 的洁净砂；

2 选用网格 10mm×10mm、丝径为 20 号的钢丝网；

3 水泥砂浆配比满足设计要求。

5.6.9 钢筋混凝土管沿直线安装时，管口间的纵向间隙应符合设计及产品标准要求，无明确要求时应符合表 5.6.9-1 的规定；预（自）应力混凝土管沿曲线安装时，管口间的纵向间隙最小处不得小于 5mm，接口转角应符合表 5.6.9-2 的规定。

钢筋混凝土管管口间的纵向间隙   表5.6.9-1

管材种类	接口类型	管内径 D_i（mm）	纵向间隙（mm）
钢筋混凝土管	平口、企口	500 ~ 600	1.0 ~ 5.0
		≥ 700	7.0 ~ 15
	承插式乙型口	600 ~ 3000	5.0 ~ 15

预（自）应力混凝土管沿曲线安装接口的允许转角   表5.6.9-2

管材种类	管内径 D_i（mm）	允许转角（°）
预应力混凝土管	500 ~ 700	1.5
	800 ~ 1400	1.0
	1600 ~ 3000	0.5
自应力混凝土管	500 ~ 800	1.5

5.7.2　承插式橡胶圈柔性接口施工时应符合下列规定：

1　清理管道承口内侧、插口外部凹槽等连接部位和橡胶圈；

2　将橡胶圈套入插口上的凹槽内，保证橡胶圈在凹槽内受力均匀、没有扭曲翻转现象；

3　用配套的润滑剂涂擦在承口内侧和橡胶圈上，检查涂覆是否完好；

4　在插口上按要求做好安装标记，以便检查插入是否到位；

5　接口安装时，将插口一次插入承口内，达到安装标记为止；

6　安装时接头和管端应保持清洁；

7　安装就位，放松紧管器具后进行下列检查：

1）复核管节的高程和中心线；

2）用特定钢尺插入承插口之间检查橡胶圈各部的环向位置，确认橡胶圈在同一深度；

3）接口处承口周围不应被胀裂；

4）橡胶圈应无脱槽、挤出等现象。

5）沿直线安装时，插口端面与承口底部的轴线间隙应大于5mm，且不大于表5.7.2规定的数值。

管口间的最大轴向间隙　　　　　　　　　　表5.7.2

管内径 D_i（mm）	内衬式管（衬筒管）		埋置式管（埋筒管）	
	单胶圈（mm）	双胶圈（mm）	单胶圈（mm）	双胶圈（mm）
600～1400	15	—	—	—
1200～1400	—	25	—	—
1200～4000	—	—	25	25

2）《建筑排水高密度聚乙烯（HDPE）管道工程技术规程》CECS 282：2010

5.1.3　当管道需预制安装或操作空间允许时，宜采用对焊连接方式。

5.1.4　当管道需现场焊接、改装、加补安装、修补，或在狭窄空间安装管道时，宜采用电熔管箍连接方式。

3. 原因分析

（1）施工原因

1）管道接口不平顺（轴线、高程）导致管道衔接处存在缝隙。

2）采用橡胶圈承插连接的管道接口长度或承插深度不足，接口密封性不满足要求。

3）因抹灰时钢丝网定位错误，砂浆质量、工艺、保养等原因，导致抹带质量差。

4）热熔连接的管道由于热熔工艺如时间、温度、作业环境因素等未按要求处理造成热熔接口漏水。

5）钢管接口焊接完成后未按规定进行防腐处理，管道运营一定时间后，接口腐蚀漏水。

6）钢管接口焊缝质量不满足要求，接口漏水。

7）顶管施工完成后未堵住注浆口，注浆口漏水。

（2）材料原因

1）管材质量问题造成接口漏水，如接口处缺角或裂缝等。

2）橡胶圈质量差，橡胶圈与接头类型不匹配，安装时双橡胶圈距离过近，橡胶圈夹沙石等原因，导致橡胶圈未能起到应有的止水效果。

4．预防措施

（1）施工措施

1）管材吊运严格按照施工规范操作。

2）管道安装位置需复核；沟槽开挖及垫层施工应注意槽底、垫层平顺；承插式混凝土管接口位置按照工艺要求施工；回填时应在管道两侧对称进行。

3）保证抹带的施工应符合设计要求，防止抹带空鼓、开裂，水泥砂浆要严格按施工配合比配料，搅拌要均匀，要保证砂浆的强度及和易性。抹带前要先将抹带部分的管外壁凿毛，刷洗干净，刷水泥浆一道，根据管径大小不同采取相应的处理工艺。

4）保证接口内壁平整，管径小于等于 600mm 的管道（工人不能入内作业），在抹带的同时，配合用麻袋或其他工具在管道内来回拖动，将流入管内的砂浆拖平，管径大于 600mm 的管道，应勾抹内管缝。

5）对于铁丝网水泥砂浆抹带接口要保证铁丝网与管缝对中，铁丝网搭接长度和插入管座的长度满足设计要求。

6）柔性接口橡胶圈的施工工艺按《给水排水管道工程施工及验收规范》GB 50268—2008 中的 5.6.6 条执行。

7）热熔工具接通电源，工作温度指示灯亮后方能开始操作；切割管材，必须使端面垂直于管轴线，切割后管材断面应去除毛边和毛刺；管材与管件连接端面必须清洁、干燥、无油；加热时间应满足热熔工具生产厂家的规定；刚熔接好接头的管道严禁旋转或移动。

8）钢管焊接工艺应满足规范要求。焊接前，应将焊口两侧一定范围内的铁锈、污垢、油蜡等清除干净，直至露出金属光泽；焊接过程中应采取措施，保持接口干燥；管道接口的焊接，应注意避免出现应力集中；焊缝检验合格后，应及时进行内外防腐。

9）采用顶管敷设的管道无论是否注浆，在顶进完成后均须注意检查注浆孔是否封堵；若采取螺栓封堵，应对螺栓进行防腐处理。

（2）材料措施

1）严格执行管材进场检验制度；HDPE、PVC 等化学建材管保存须特别注意覆盖防晒；管道使用前需注意检查管材外观，存在裂纹、老化、缺角等有问题的管材不得使用。

2）橡胶圈应使用管材供应商提供的橡胶圈或其指定的配套橡胶圈；在管道安装前

应注意检查橡胶圈是否有断裂、老化等问题，有问题的不得使用；管道安装橡胶圈应严格按厂家指定工艺进行，若厂家未指定则橡胶圈应按管道雄头（大头）内壁凹槽的位置安装橡胶圈；若内壁无凹槽时，则应视安装橡胶圈个数及承插长度具体而定，橡胶圈之间应有一定间距以确保其密封性；管道安装前应将管道接口处清理干净方能承插安装。

图 1.4-9　柔性管道接口连接工艺正确，无渗漏现象

5. 工程实例图片（图 1.4-9）

1.4.5　通病名称：沟渠变形缝、施工缝漏水

1. 通病现象

沟渠变形缝、施工缝处漏水。

2. 规范标准相关规定

《给水排水构筑物工程施工及验收规范》GB 50141—2008

6.1.10　构筑物变形缝的止水带应按设计要求选用。

6.7.7　现浇钢筋混凝土结构管渠施工应符合本规范第 6.2 节的规定和设计要求，并应符合下列规定：

3　管渠变形缝内止水带的设置位置应准确牢固，与变形缝垂直，与墙体中心对正；架立止水带的钢筋应预先制作成型。

6.8.9　构筑物变形缝应符合下列规定：

2　止水带位置应符合设计要求；安装固定稳定，无孔洞、撕裂、扭曲、褶皱等现象；

3　先行施工一侧的变形缝结构端面应平整、垂直，混凝土或砌筑砂浆应密实，止水带与结构咬合紧密；端面混凝土外观严禁出现严重质量缺陷，且无明显一般质量缺陷；

4　变形缝应贯通，缝宽均匀一致；柔性密封材料嵌填应完整、饱满、密实。

3. 原因分析

（1）止水带固定、定位不当，如橡胶止水带中间的变形圈位置定位不精确。

（2）沉降缝处混凝土浇筑振捣不密实，产生渗漏。

（3）止水带耐久性差，长期腐蚀导致渗漏。

（4）施工缝处理不当，施工时施工缝位置清理不干净，止水措施不足。

4. 预防措施

（1）止水带进场前应严格执行进场检验手续；止水带不得长时间露天暴晒、雨淋，勿与油类、酸碱类等腐蚀性化学物质接触；在浇注或捣浇混凝土过程中应防止尖锐物刺破止水带；施工过程中，止水带必须可靠固定，避免在浇注混凝土时发生位移；止水带定位时不能出现翻转、扭曲等现象；混凝土浇捣时必须充分振动，保证止水带和混凝土结合良好；固定止水带时，如需穿孔，作业时只能选在止水带的边缘安装区，不得损坏止水带有效部位；止水带如需现场接头时，应采用热压硫化等方法，应保证接头处外观平整、连接牢固。

（2）施工缝处继续浇筑混凝土前，应清除垃圾、水泥薄膜、表面上松动砂石和软弱混凝土层，同时还应加以凿毛，用水冲洗干净并充分湿润，一般不宜少于 24h，残留在混凝土表面的积水应予以清除。

（3）后浇施工缝的界面应保持干燥、平整，施工前须清除界面上浮渣、尘土及杂物。止水条必须与混凝土界面紧密接触固定牢实，防止止水条脱离界面。

（4）保证钢板止水带定位在墙体中线上，且两端弯折处应朝向迎水面；两块钢板之间的焊接要饱满，确保不渗水。

5. 工程实例图片（图 1.4-10）

图 1.4-10　沟渠变形缝、施工缝处连接牢固未漏水

1.4.6　通病名称：管段壅水

1. 通病现象

管段内阻塞、排水不畅（图 1.4-11）。

2. 规范标准相关规定

《给水排水管道工程施工及验收规范》GB 50268—2008

4.4.1　管道地基应符合设计要求，管道天然地基的强度不能满足设计要求时应按设计要求加固。

4.4.2　槽底局部超挖或发生扰动时，处理应符合下列规定：

1　超挖深度不超过 150mm 时，可用

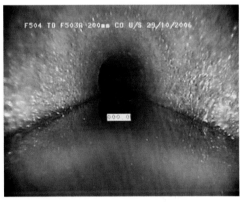

图 1.4-11　管段壅水

挖槽原土回填夯实，其压实度不应低于原地基土的密实度；

2　槽底地基土壤含水量较大，不适于压实时，应采取换填等有效措施。

4.5.2　管道沟槽回填应符合下列规定：

1　沟槽内砖、石、木块等杂物清除干净；

2　沟槽内不得有积水；

3　保持降排水系统正常运行，不得带水回填。

4.5.11　柔性管道的沟槽回填作业应符合下列规定：

4 管道半径以下回填时应采取防止管道上浮、位移的措施;

5.6.3 管节安装前应将管内外清扫干净,安装时应使管道中心及内底高程符合设计要求,稳管时必须采取措施防止管道发生滚动。

3. 原因分析

(1)基底施工扰动或软弱地基处理效果不良,产生不均匀沉降,导致管道坡度发生变化。

(2)在安装过程中,未及时采取压管措施,导致局部管段浮管。

(3)施工过程中,管道中的障碍物未清干净,导致运营后堵塞。

(4)施工过程中,因测量放线不准确导致管道坡度不顺、积水。

4. 预防措施

(1)管沟开挖后须验槽,强度不能满足设计要求时,应按设计要求加固;管道施工时应做好临时排水措施,以防泡槽。

(2)管道安装前应进行测量复核,注意槽底平顺、坡度正确。

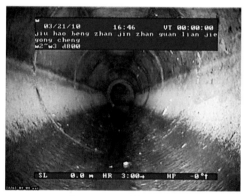

(3)管道安装后应采取沙袋等压管措施,避免管段上浮。

(4)管道投入运营前应清理临时封堵和管道内杂物。

(5)沟槽开挖时先挖好集水坑,备好水泵,设临时排水沟,沟槽有水时及时抽排,回填后仍需继续抽水,直至不会出现浮管现象为止。

5. 工程实例图片(图1.4-12)

图1.4-12 管段未壅水

1.4.7 通病名称:井与管道接口漏水

1. 通病现象

排水管道与井室的接口处渗漏水超规范要求(图1.4-13)。

2. 规范标准相关规定

《给水排水管道工程施工及验收规范》GB 50268—2008

8.1.4 管道附属构筑物的基础(包括支墩侧基)应建在原状土上,当原状土地基松软或被扰动时,应按设计要求进行地基处理。

图1.4-13 井与管道接口漏水

8.2.1 井室的混凝土基础应与管道基础同时浇筑；施工应满足本规范第 5.2.2 条的规定。

8.2.2 管道穿过井壁的施工应符合设计要求；设计无要求时应符合下列规定：

1 混凝土类管道、金属类无压管道，其管外壁与砌筑井壁洞圈之间为刚性连接时水泥砂浆应坐浆饱满、密实；

2 金属类压力管道，井壁洞圈应预设套管，管道外壁与套管的间隙应四周均匀一致，其间隙宜采用柔性或半柔性材料填嵌密实；

3 化学建材管道宜采用中介层法与井壁洞圈连接；

4 对于现浇混凝土结构井室，井壁洞圈应振捣密实；

5 排水管道接入检查井时，管口外缘与井内壁平齐；接入管径大于 300mm 时，对于砌筑结构井室应砌砖圈加固。

8.2.3 砌筑结构的井室施工应符合下列规定：

2 排水管道检查井内的流槽，宜与井壁同时进行砌筑。

4 砌块砌筑时，铺浆应饱满，灰浆与砌块四周粘结紧密，不得漏浆，上下砌块应错缝砌筑。

8.2.6 有支、连管接入的井室，应在井室施工的同时安装预留支、连管，预留管的管径、方向、高程应符合设计要求，管与井壁衔接处应严密；排水检查井的预留管管口宜采用低强度砂浆砌筑封口抹平。

3. 原因分析

（1）管与井室接口处回填施工质量差，填土不均匀沉降导致管道产生破损或接口开裂。

（2）检查井施工质量差，井壁与其连接管的结合处渗漏。

（3）管道基础施工质量差导致管道和基础出现不均匀沉陷，造成局部积水，严重时会出现管道断裂或接口开裂。

（4）管道从管沟伸入井内，由于基础承载力存在差异，从硬到软或从软到硬，管道发生剪切或应力集中导致接口破裂。

4. 预防措施

（1）管腋部填土必须塞严、捣实，保持与管道紧密接触。管道的管顶部分填土施工采用人工夯打或轻型机械压实，严禁压实机具直接作用在管道上。

（2）化学建材管道宜在管材和井壁相接部分的外表面预先用聚氯乙烯粘结剂、粗砂做成中介层，然后用水泥砂浆砌入检查井的井壁内；钢筋混凝土管先将管材进入井室段凿毛、晒水，应再用防水砂浆填实管道与管井的间隙。

（3）严禁基坑超挖、浸泡。

（4）在管井相接的位置设置基础过渡区，化学建材管道以短管的形式与检查井连接，保证管道得到均匀的支承。

5. 工程实例图片（图 1.4-14）

1.4.8　通病名称：管道腐蚀

1. 通病现象

管道存在锈蚀现象（图 1.4-15）。

2. 规范标准相关规定

《给水排水管道工程施工及验收规范》
GB 50268—2008

图 1.4-14　井与管道接口未漏水

5.4.2　水泥砂浆内防腐层应符合下列
规定：

1　施工前应具备的条件应符合下列
要求：

1）管道内壁的浮锈、氧化皮、焊渣、
油污等，应彻底清除干净；焊缝突起高度不
得大于防腐层设计厚度的 1/3；

2）现场施做内防腐的管道，应在管道
试验、土方回填验收合格，且管道变形基本
稳定后进行；

图 1.4-15　管道腐蚀

3）内防腐层的材料质量应符合设计要求；

2　内防腐层施工应符合下列规定：

1）水泥砂浆内防腐层可采用机械喷涂、人工抹压、拖筒或离心预制法施工；工厂预
制时，在运输、安装、回填土过程中，不得损坏水泥砂浆内防腐层；

2）管道端点或施工中断时，应预留搭茬；

3）水泥砂浆抗压强度符合设计要求，且不应低于 30MPa；

4）采用人工抹压法施工时，应分层抹压；

5）水泥砂浆内防腐层成形后，应立即将管道封堵，终凝后进行潮湿养护，普通硅酸
盐水泥砂浆养护时间不应少于 7d，矿渣硅酸盐水泥砂浆不应少于 14d；通水前应继续封
堵，保持湿润。

5.4.3　液体环氧涂料内防腐层应符合下列规定：

1　施工前具备的条件应符合下列规定：

1）宜采用喷（抛）射除锈，除锈等级应不低于《涂装前钢材表面锈蚀等级和除锈等
级》GB/T 8923 中规定的 Sa2 级；内表面经喷（抛）射处理后，应用清洁、干燥、无油
的压缩空气将管道内部的砂粒、尘埃、锈粉等微尘清除干净；

2）管道内表面处理后，应在钢管两端 60mm ~ 100mm 范围内涂刷硅酸锌或其他可
焊性防锈涂料，干膜厚度为 20μm ~ 40μm。

2 内防腐层的材料质量应符合设计要求;

3 内防腐层施工应符合下列规定:

1) 应按涂料生产厂家产品说明书的规定配制涂料, 不宜加稀释剂;

2) 涂料使用前应搅拌均匀;

3) 宜采用高压无气喷涂工艺, 在工艺条件受限时, 可采用空气喷涂或挤涂工艺;

4) 应调整好工艺参数且稳定后, 方可正式涂敷; 防腐层应平整、光滑, 无流挂、无划痕等; 涂敷过程中应随时监测湿膜厚度;

5) 环境相对湿度大于 85% 时, 应对钢管除湿后方可作业; 严禁在雨、雪、雾及风沙等气候条件下露天作业。

5.4.5 石油沥青涂料外防腐层施工应符合下列规定:

1 涂底料前管体表面应清除油垢、灰渣、铁锈; 人工除氧化皮、铁锈时, 其质量标准应达 St3 级; 喷砂或化学除锈时, 其质量标准应达 Sa2.5 级;

2 涂底料时基面应干燥, 基面除锈后与涂底料的间隔时间不得超过 8h。涂刷应均匀、饱满, 涂层不得有凝块、起泡现象, 底料厚度宜为 0.1mm ～ 0.2mm, 管两端 150mm ～ 250mm 范围内不得涂刷;

4 沥青涂料应涂刷在洁净、干燥的底料上, 常温下刷沥青涂料时, 应在涂底料后 24h 之内实施; 沥青涂料涂刷温度以 200℃～ 230℃为宜;

5 涂沥青后应立即缠绕玻璃布, 玻璃布的压边宽度应为 20mm ～ 30mm, 接头搭接长度应为 100mm ～ 150mm, 各层搭接接头应相互错开, 玻璃布的油浸透率应达到 95% 以上, 不得出现大于 50mm×50mm 的空白; 管端或施工中断处应留出长 150mm ～ 250mm 的缓坡型搭茬;

6 包扎聚氯乙烯膜保护层作业时, 不得有褶皱、脱壳现象; 压边宽度应为 20mm ～ 30mm, 搭接长度应为 100mm ～ 150mm;

7 沟槽内管道接口处施工, 应在焊接、试压合格后进行, 接茬处应粘结牢固、严密。

5.4.6 环氧煤沥青外防腐层施工应符合下列规定:

1 管节表面应符合本规范第 5.4.5 条第 1 款的规定; 焊接表面应光滑无刺、无焊瘤、棱角;

2 应按产品说明书的规定配制涂料;

3 底料应在表面除锈合格后尽快涂刷, 空气湿度过大时, 应立即涂刷, 涂刷应均匀, 不得漏涂; 管两端 100mm ～ 150mm 范围内不涂刷, 或在涂底料之前, 在该部位涂刷可焊涂料或硅酸锌涂料, 干膜厚度不应小于 25μm;

4 面料涂刷和包扎玻璃布, 应在底料表干后、固化前进行, 底料与第一道面料涂刷的间隔时间不得超过 24h。

5.4.7 雨期、冬期石油沥青及环氧煤沥青涂料外防腐层施工应符合下列规定:

1 环境温度低于 5℃时, 不宜采用环氧煤沥青涂料; 采用石油沥青涂料时, 应采取冬期施工措施; 环境温度低于 -15℃或相对湿度大于 85% 时, 未采取措施不得进行施工;

2　不得在雨、雾、雪或 5 级以上大风环境露天施工；

3　已涂刷石油沥青防腐层的管道，炎热天气下不宜直接受阳光照射；冬期气温等于或低于沥青涂料脆化温度时，不得起吊、运输和铺设；脆化温度试验应符合现行国家标准《石油沥青脆点测定法 弗拉斯法》GB/T 4510 的规定。

3. 原因分析

（1）钢管进行防腐处理前未进行除锈。

（2）钢管和钢制管件涂加防腐层是未做到位。

（3）采用的防腐涂料质量不好。

4. 预防措施

（1）钢管进行防腐处理前进行除锈，采用喷砂除锈质量等级达到 Sa2.5 级，人工除锈质量达到 3.0 级；

（2）外防腐：钢管和钢制管件的外壁环氧煤沥青特加防腐层做法为"七油二布"，即"底漆—面漆—面漆—玻璃布—面漆—面漆—玻璃布—面漆—面漆"，干膜厚度大于 0.6mm；玻璃布采用中碱，无捻、无腊的玻璃纤维布，其经纬密度为 12×12 根 /cm，外包混凝土或钢筋混凝土段钢管及管件外防腐采用外涂无机改性水泥浆临时防护，干膜厚度 0.3 ~ 0.5mm。埋地钢管接口处聚氯乙烯防腐胶带（补口带），防腐等级为加强级，厚度 1.2mm，做法为底漆一道，内胶带一道，外胶带一道，胶带与环氧煤沥青防腐层的搭界长度为 150mm。

（3）内防腐：钢管及钢制管件涂料加强内防腐层结构为两遍底漆（或一遍底漆和一遍中间漆）、四遍面漆，成膜厚度应大于 0.3mm。内防腐采用环保卫生级涂料，施工后涂层有良好光滑度，摩阻小，抗磨损，并能阻止微生物或藻类的滋生。管道接口处内防腐的施工需在管道附设完毕、试压合格并按设计要求覆土夯实之后进行，管道接口处的内防腐施工过程中，管道必须处于稳定状态。

5. 工程实例图片（图 1.4-16）

图 1.4-16　管道防腐处理

1.5　管道附属构筑物

1.5.1　通病名称：阀门井壁直接压在管线上

1. 通病现象

易引起管道不均匀受力、井壁不均匀下沉、井壁开裂（图 1.5-1）。

2. 规范标准相关规定

《给水排水管道工程施工及验收规范》GB 50268—2008

8.2.2 管道穿过井壁的施工应符合设计要求；设计无要求时应符合下列规定：

1 混凝土类管道、金属类无压管道，其管外壁与砌筑井壁洞圈之间为刚性连接时水泥砂浆应坐浆饱满、密实；

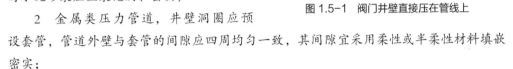

图1.5-1 阀门井壁直接压在管线上

2 金属类压力管道，井壁洞圈应预设套管，管道外壁与套管的间隙应四周均匀一致，其间隙宜采用柔性或半柔性材料填嵌密实；

5 排水管道接入检查井时，管口外缘与井内壁平齐；接入管径大于300mm时，对于砌筑结构井室应砌砖圈加固。

8.2.8 井室内部处理应符合下列规定：

4 阀门井的井底距承口或法兰盘下缘以及井壁与承口或法兰盘外缘应留有安装作业空间，其尺寸应符合设计要求。

3. 原因分析

（1）设计原因：设计图纸交底不详尽。

（2）施工原因：

1）非土建专业人员（管道安装工兼任）进行施工。

2）现场空间受限。

4. 预防措施

（1）设计措施：做好图纸交底，现场空间受限时及时联系设计人员现场解决。

（2）施工措施：

1）加强工人砌筑技能培训。

2）管道之上做钢筋混凝土承托梁，井壁不直接压在管道上。

3）井壁预留套管。

5. 工程实例图片（图1.5-2）

图1.5-2 阀门井壁按要求建造

1.5.2 通病名称：检查井与路面连接不平整

1. 通病现象

检查井与路面连接不平整（图1.5-3）。

2. 规范标准相关规定

《给水排水管道工程施工及验收规范》
GB 50268—2008

4.5.3 井室、雨水口及其他附属构筑物周围回填应符合下列规定：

1 井室周围的回填，应与管道沟槽回填同时进行；不便同时进行时，应留台阶形接茬；

图 1.5-3 检查井与路面连接不平整

2 井室周围回填压实时应沿井室中心对称进行，且不得漏夯；

3 回填材料压实后应与井壁紧贴；

4 路面范围内的井室周围，应采用石灰土、砂、砂砾等材料回填，其回填宽度不宜小于400mm；

8.2.9 给排水井盖选用的型号、材质应符合设计要求，设计未要求时，宜采用复合材料井盖，行业标志明显；道路上的井室必须使用重型井盖，装配稳固。

3. 原因分析

（1）机械夯实井周围比较困难，造成井周围回填土密实度达不到要求，检查井周边沉降大于路面正常沉降，路面结合处与检查井不平顺。

（2）市区路面多次加厚铺筑，检查井随之多次加高，质量控制不严。

（3）测量放样时，检查井高程与路面高程衔接不平，往往在砌好平石后，横向拉线确定井盖标高，忽略了道路纵向坡度。

（4）检查井井盖下的衬砌材料强度不够或注浆材料不饱满。衬砌材料强度较低时，易被压碎，造成井盖向车行方向滑移，在车辆的反复冲击下，容易造成检查井下沉。

（5）井环、井盖质量差，强度达不到使用要求，或井环与井盖间存在空隙，在车辆的反复冲击下，造成井盖沉陷、井环衬砌材料破碎。

（6）检查井往往采用砖砌结构，砌筑时质量不符合设计要求，特别是城市交通量快速膨胀，强度较低的砖砌检查井更容易沉降。

（7）检查井地基承载力不足，井身出现整体下沉。

4. 预防措施

（1）在检查井周围尽量采用人工或平板震动器多次夯实，使周围回填土密实度达到要求。

（2）市区路面多次加厚铺筑、多次加高砌筑检查井时，须严格控制施工质量。

（3）现场砌好平缘石时，测量放样除了考虑横向拉线，还要纵向拉线，确保检查井纵向及横向高程。

（4）保证检查井基础的质量，不能在基坑有积水的情况下浇注垫层和基础混凝土。

要保证基础的几何尺寸和高程符合设计要求，并与管道基础同时整体浇筑，待混凝土达到一定强度才能砌砖。

（5）要保证井墙的砌筑质量，井壁必须竖直，不得有通缝；灰浆要饱满，砌缝要平整；抹灰要压光，不得有空鼓、裂缝等现象。

（6）井圈、井盖选购材料质量符合设计要求和国家标准，保证井圈、井盖的产品质量和安装质量，安装井圈要座浆饱满、牢固平稳，井盖和井圈要配套，并与路面齐平，在交通量大的道路上必须安装重型井盖。

（7）加强检查井基底承载力检测，并满足设计要求。

5. 工程实例图片（图 1.5-4）

图 1.5-4　检查井与路面连接平整

1.5.3　通病名称：检查井井身渗漏

1. 通病现象

检查井井身或井底渗漏（图 1.5-5），预制检查井与管道连接位置漏水。

2. 规范标准相关规定

《给水排水管道工程施工及验收规范》GB 50268—2008

5.2.2　混凝土基础施工应符合下列规定：

6　管道平基与井室基础宜同时浇筑；

图 1.5-5　检查井井身渗漏

跌落水井上游接近井基础的一段应砌砖加固，并将平基混凝土浇至井基础边缘。

8.2.3　砌筑结构的井室施工应符合下列规定：

1　砌筑前砌块应充分湿润；砌筑砂浆配合比符合设计要求，现场拌制应拌合均匀、随用随拌；

4　砌块砌筑时，铺浆应饱满，灰浆与砌块四周粘结紧密、不得漏浆，上下砌块应错缝砌筑；

6　内外井壁应采用水泥砂浆勾缝；有抹面要求时，抹面应分层压实。

3. 原因分析

（1）井室砌筑所用的砌块、砂浆强度不够，或回填材料夹带大块片石等，回填时井室受到外力挤压，造成井室开裂渗水。

（2）砌筑前未对砌块湿润或湿润不充分，影响砌块与砂浆的粘结。

（3）砌筑时砂浆不饱满、未对内外井壁勾缝，造成砌块不能紧密粘结。

（4）砂浆抹灰施工质量差。

（5）跌水井混凝土基础浇筑质量差，受到排水长期冲击，基础沉裂。

（6）检查井内外井壁未按设计要求做好水泥砂浆抹灰防水。

（7）检查井下基础回填质量差，受荷或运营渗漏水导致基础下沉，造成井身裂缝。

4. 预防措施

（1）施工措施：

1）根据天气情况及砌筑进度对砌块分批湿润，如发现砌块表面无湿迹，应洒水湿润后再使用。

2）砌筑砂浆严格按配合比配制，勾缝随砌筑及时进行。

3）抹灰前确保井室整洁湿润。

4）混凝土基础浇筑前应排走积水，禁止有积水施工；浇筑时要充分振捣，浇筑完成后及时养护，达到 1.2MPa 的强度后再进行井室砌筑。

5）内外井壁应采用水泥砂浆勾缝；有抹灰要求时，抹灰应分层压实，抹灰层应无脱层、空鼓，面层应无爆灰和裂缝。

6）加强检测近砌筑砂浆质量控制、井壁抹灰质量控制。

7）加强检查井基底回填质量控制。

（2）材料措施：所用砌块、砂浆须检测合格后才能使用。

5. 工程实例图片（图 1.5-6）

图 1.5-6　检查井井身未渗漏

1.5.4　通病名称：井口与井盖尺寸不符

1. 通病现象

井盖与井口尺寸不匹配（图 1.5-7）。

2. 规范标准相关规定

《给水排水管道工程施工及验收规范》GB 50268—2008

8.1.1　本章适用于给水排水管道工程中和各类井室、支墩、雨水口工程。管道工程中涉及的小型抽升泵房及其取水口、排放口构筑物应符合现行国家标准《给水排水构筑物工程施工及验收规范》GB 50141 的有关规定。

图 1.5-7　井口与井盖尺寸不符

8.1.2　管道附属构筑物的位置、结构类型和构造尺寸等应按设计要求施工。

8.1.3　管道附属构筑物的施工除应符合本章规定外，其砌筑结构、混凝土结构施工还应符合国家有关规范规定。

3. 原因分析

（1）未细读设计图纸。

（2）井体未按图纸施工。

（3）购买定制井盖时出错。

4. 预防措施

（1）施工前认真细读图纸。

（2）施工时严格按照图纸施工。

（3）购买定制井盖时认真核对尺寸。

5. 工程实例图片（图1.5-8）

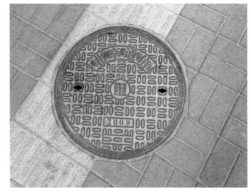

图 1.5-8　井口与井盖尺寸相符

第2章 燃气工程

2.1 土方工程

2.1.1 通病名称：沟槽宽度不符合要求

1. 通病现象

沟槽宽度不足，下管时造成管道损伤（图2.1-1）。

图2.1-1 沟槽宽度不足

2. 规范标准相关规定

《城镇燃气输配工程施工及验收规范》CJJ 33—2005

2.3.3 管沟沟底宽度和工作坑尺寸，应根据现场实际情况和管道敷设方法确定，也可按下列要求确定：

1 单管沟底组装按规范中表2.3.3确定

沟底宽度尺寸 表2.3.3

管道公称直径（mm）	50～80	100～200	250～350	400～450	500～600	700～800	900～1000	1100～1200	1300～1400
沟底宽度（m）	0.6	0.7	0.8	1.0	1.3	1.6	1.8	2.0	2.2

2　单管沟边组装和双管沟敷设可按下式计算

$$a=D_1+D_2+S+C \qquad (2.3.3)$$

式中　a——沟槽底宽度（m）；

　　D_1——第一条管道外径（m）；

　　D_2——第二条管道外径（m）；

　　S——两道管道之间的设计净距（m）；

　　C——工作宽度，在沟底组装：$C=0.6$（m）；在沟边组装：$C=0.3$（m）。

3. 原因分析

（1）设计原因

设计燃气管线路由时，未充分掌握路由沿线情况，施工现场条件不满足沟槽开挖宽度。

（2）施工原因

施工单位未按规范要求进行放线及沟槽开挖。

4. 预防措施

（1）设计燃气管线路由时，充分掌握路由沿线情况，施工条件尽可能满足沟槽开挖宽度要求。

（2）加强施工现场管理，严格按设计和规范的要求进行施工。

5. 治理措施

（1）按设计和规范的要求施工。

（2）对于施工条件确实不能满足规范规定时，应采取有效的安全防护措施。

6. 工程实例图片（图 2.1-2）

图 2.1-2　正常沟槽

2.1.2　通病名称：沟槽深度不符合要求

1. 通病现象

沟槽深度不足，造成管顶覆土厚度达不到规范要求（图 2.1-3）。

管沟深度不符
合设计要求

图 2.1-3　沟槽深度不足

2. 规范标准相关规定

（1）《城镇燃气设计规范》GB 50028—2006

6.3.4　地下燃气管道埋设的最小覆土厚度（路面至管顶）应符合下列要求：

1　埋设在机动车道下时，不得小于 0.9m；

2　埋设在非机动车道（含人行道）下时，不得小于 0.6m；

3　埋设在机动车不可能到达的地方时，不得小于 0.3m；

4　埋设在水田下时，不得小于 0.8m；

注：当不能满足上述规定时，应采取有效的安全防护措施。

（2）《聚乙烯燃气管道工程技术标准》CJJ 63—2018

4.3.3　聚乙烯燃气管道埋设的最小覆土深度（地面至管顶）应符合下列规定：

1　埋设在车行道下，不得小于 0.9m；

2　埋设在非车行道（含人行道）下，不得小于 0.6m；

3　埋设在机动车不可能到达的地方时，不得小于 0.5m；

4　埋设在水田下时，不得小于 0.8m；

5　当埋深达不到上述要求时，应采取保护措施。

3. 原因分析

（1）设计原因

设计燃气管线路由时，未充分掌握路由沿线情况，施工现场条件不满足沟槽开挖深度。

（2）施工原因

施工单位未按规范要求进行放线及沟槽开挖。

4. 预防措施

（1）设计燃气管线路由时，充分掌握路由沿线情况，施工条件尽可能满足沟槽开挖深度要求。

（2）加强施工现场管理，严格按设计和规范的要求进行施工。

5. 治理措施

（1）按设计和规范的要求进行施工。

（2）当施工条件确实不能满足规范规定时，应采取有效的安全防护措施。

6. 工程实例图片（图 2.1-4、图 2.1-5）

图 2.1-4　车行道正常埋深不少于 0.9m　　图 2.1-5　管道埋深受限应采取盖板保护措施

2.1.3　通病名称：回填材料不合格

1. 通病现象

回填材料、质量不符合要求（图 2.1-6）。

图 2.1-6　回填材料不合格

2. 规范标准相关规定

《城镇燃气输配工程施工及验收规范》CJJ 33—2005

2.3.11　沟底遇有废弃构筑物、硬石、木头、垃圾等杂物时必须清除，并应铺一层厚度不小于0.15m的砂土或素土，整平压实至设计标高。

2.4.2　不得采用冻土、垃圾、木材及软性物质回填。管道两侧及管顶以上0.5m内回填土，不得含有碎石、砖块等杂物，且不得采用灰土回填。距管顶0.5m以上的回填土中的石块不得多于10%、直径不得大于0.1m，且均匀分布。

2.4.3　沟槽的支撑应在管道两侧及管顶以上0.5m回填完毕并压实后，在保证安全的情况下进行拆除，并应采用细纱填实细缝。

2.4.4　沟槽回填时，应先回填管低局部悬空部位，再回填管道两侧。

2.4.5　回填土应分层压实，每层虚铺厚度宜为0.2m～0.3m，管道两侧及管顶以上0.5m内的回填土必须采用人工压实，管顶0.5m以上的回填土可采用小型机械压实，每层虚铺厚度宜为0.25m～0.4m。

2.4.6　回填土压实后，应分层检查密实度，并作好回填记录。沟槽各部位的密实度应符合下列要求（图2.4.6）：

图 2.4.6　回填土断面图

1）对（Ⅰ）、（Ⅱ）区部位，密实度不应大于90%；

2）对（Ⅲ）区部位，密实度应符合相应地面对密实度的要求。

3. 原因分析

施工单位未按规范要求选用回填材料。

4. 预防措施

（1）按设计和规范要求选用回填材料和施工。

（2）管道主体安装检验合格后，沟槽应及时回填，但需留出未检验的安装接口。回填前，必须将槽底施工遗留的杂物清除干净。

（3）如道路业主单位对回填有具体要求，应按道路业主单位意见实施。

5. 治理措施

（1）对不符合要求的回填材料，换用合格材料。

（2）重新分层压实。

6. 工程实例图片（图2.1-7）

图 2.1-7　管沟回填材料符合要求

2.1.4 通病名称：路面下沉

1. 通病现象

管道埋设后，回填密实度不足，已修复路面出现下沉（图 2.1-8）。

2. 规范标准相关规定

（1）《城镇道路工程施工与质量验收规范》CJJ 1—2008

图 2.1-8 路面下沉

13.4.1 料石铺砌人行道面层质量检验应符合下列规定：

5 铺砌应稳固、无翘动，表面平整、缝线直顺、缝宽均匀、灌缝饱满，无翘边、翘角、反坡、积水现象。

（2）《聚乙烯燃气管道工程技术标准》GJJ 63—2018

4.3.3 聚乙烯燃气管道埋设的最小覆土深度（地面至管顶）应符合下列规定：

1 埋设在车行道下，不得小于 0.9m；

2 埋设在非车行道（含人行道）下，不得小于 0.6m；

3 埋设在机动车不可能到达的地方时，不得小于 0.5m；

4 埋设在水田下时，不得小于 0.8m；

5 当埋深达不到上述要求时，应采取保护措施。

3. 原因分析

（1）回填材料不符合要求。

（2）管道埋设的最小覆土厚度（地面至管顶）不足。

（3）回填分层压实不合格。

（4）铺砌质量不符合要求。

4. 预防措施

（1）沥青路面和混凝土路面的恢复，应由具备专业施工资质的单位施工。

（2）回填路面的基础和修复路面材料的性能不应低于原基础和路面材料。

（3）当地市政管理部门对路面恢复有其他要求时，应按当地市政管理部门的要求执行。

5. 治理措施

（1）对不符合要求的回填材料，换用合格材料。

（2）重新分层压实。

（3）施工条件确实不能满足规范规定时，应采取有效的措施。

2.2　管道敷设工程

2.2.1　通病名称：PE 管道热熔连接不合格

1. 通病现象

PE 管道热熔翻边不均匀（图 2.2-1、图 2.2-2）。

图 2.2-1　PE 管道热熔翻边不均匀　　　图 2.2-2　PE 管道热熔翻边存在杂质

2. 规范标准相关规定

《聚乙烯燃气管道工程技术标准》CJJ 63—2018

5.2.3　热熔对接连接接头的质量检验应符合下列规定：

1　热熔对接连接完成后，应对接头进行 100% 的卷边对称性和接头对正性检验，并应对开挖敷设不少于 15% 的接头进行卷边切除检验，水平定向钻非开挖施工应进行 100% 接头卷边切除检验。

2　卷边对称性检验。沿管道整个圆周内的接口卷边应平滑、均匀、对称，卷边融合线的最低处（A）不应低于管道的外表面（图 5.2.3-1）。

3　接头对正性检验。接口两侧紧邻卷边的外圆周上任何一处的错边量（V）不应超过管道壁厚的 10%（图 5.2.3-2）。

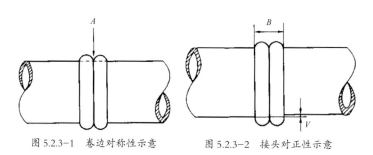

图 5.2.3-1　卷边对称性示意　　　图 5.2.3-2　接头对正性示意

4　翻边切除检验。在不损伤对接管道的情况下，应使用专用工具切除接口外部的熔接卷边（图 5.2.3-3）。卷边切除检验应符合下列规定：

1）卷边应是实心圆滑的，根部较宽（图 5.2.3-4）；

2）卷边切割面中不应有杂质、小孔、扭曲和损坏。

3）每隔 50mm 应进行 180°的背弯检验（图 5.2.3-5），卷边切割面中线附近不应有开裂、裂缝，不得露出熔合线。

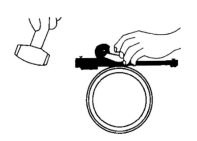

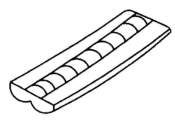
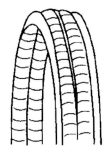

图 5.2.3-3　卷边切除示意　　　　图 5.2.3-4　合格实心卷边示意　　　　图 5.2.3-5　切除卷边背弯试验示意

5　当抽样检验的全部接口合格时，应判定该批接口全部合格。当抽样检验的接口出现不合格情况时，应判定该接口不合格，并应按下列规定加倍抽样检验：

1）每出现一个不合格接口，应加倍抽检该焊工所焊的同一批接口，按本标准的规定进行检验。

2）如第二次抽检仍出现不合格接口时，则对该焊工所焊的同批接口全部进行检验。

3. 原因分析

（1）选用的夹具和管材或管件的规格不符。

（2）聚乙烯管材或管件的连接部位擦拭不干净，切削后的熔接面被污染。

（3）铣削待连接件端面与轴线不垂直；连接件端面不在同一轴线上；错边大于壁厚的 10%。

（4）吸热时间达不到工艺要求。

（5）在保压冷却期间移动连接件或在连接件上施加了外力。

4. 预防措施

（1）根据管材或管件的规格，选用相应的夹具，连接件的连接端应伸出夹具，自由长度不应小于公称直径的 10%，移动夹具使待连接件端面接触，并校直对应的待连接件，使其在同一轴线上。错边不应大于壁厚的 10%。

（2）应将聚乙烯管材或管件的连接部位擦拭干净，并铣削待连接件端面，使其与轴线垂直。切屑平均厚度不宜超过 0.2mm，切削后的熔接面应防止污染。

（3）连接件的端面应使用热熔对连接设备加热。

（4）吸热时间达到工艺要求后，应迅速撤出加热板，检查待连接件的加热面熔化的均匀性，不得有损伤。在规定的时间内用均匀外力使连接面完全接触，并翻边形成均匀一致的双凸缘。

（5）在保压冷却期间不得移动连接件或在连接件上施加任何外力。

5. 治理措施

切除不合格焊口，按要求重新连接。

6. 工程实例图片（图 2.2-3）

图 2.2-3　翻边背弯检查

2.2.2　通病名称：PE 电熔连接不合格

1. 通病现象

电熔焊接不同轴、电阻丝挤出（图 2.2-4）。

2. 规范标准相关规定

《聚乙烯燃气管道工程技术标准》CJJ 63—2018

5.3.4　电熔承插连接接头的质量检验应符合下列规定：

1　电熔管件与管材或插口管件的轴线应对正。

2　管材或插口管件在电熔管件端口处的周边表面应有明显刮皮痕迹。

3　电熔管件端口的接缝处不应有熔融料溢出。

4　电熔管件内电阻丝不应被挤出。

5　从电熔管件上的观察孔中应能看到指示柱移动或有少量熔融料溢出，溢料不得呈流淌状。

6　每个电熔承插连接接头均应进行上述检验，出现与上述条款不符合的情况，应判定为不合格。

图 2.2-4　PE 电熔连接不合格

3．原因分析

（1）电熔连接机具不符合规定。

（2）电熔连接机具与电熔管件连通不正确。

（3）连接时，通电加热的电压和加热时间不符合电熔连接机具和电熔管件生产企业的规定。

（4）电熔连接冷却期间，移动了连接件或在连接件上施加了外力。

（5）电熔承插连接操作不符合规定。

4．预防措施

（1）电熔连接机具应符合下列规定：

1）电熔连接机具的类型应符合电熔管件的要求；

2）电熔连接机具应在国家电网供电或发电机供电情况下均可正常工作；

3）外壳防护等级应不低于 IP54，所有印刷线路板应进行防水、防尘、防震处理，开关、按钮应具有防水性；

4）输入和输出电缆，在超过 −10 ～ 40℃工作范围时，应能保持韧性；

5）温度传感器精度应不低于 ±1℃，并应有防机械损伤保护；

6）输出电压的允许偏差应控制在设定电压的 ±1.5% 以内；输出电流的允许偏差应控制在额定电流的 ±1.5% 以内；熔接时间的允许偏差应控制在理论时间的 ±1% 以内；

7）电熔连接设备应定期校准和检定，周期不宜超过 1 年。

（2）电熔连接机具与电熔管件应正确连通，连接时，通电加热的电压和加热时间应符合电熔连接机具和电熔管件生产企业的规定。

（3）电熔连接冷却期间，不得移动连接件或在连接件上施加任何外力。

（4）电熔承插连接操作应符合下列规定：

1）管材、管件连接部位擦拭干净；

2）测量管件承口长度，并在管插口标注插入长度并刮除插入长度加 10mm 的插入段表皮，刮削氧化皮厚度宜为0.1 ～ 0.2mm；

3）将管材或管件插口插入电熔承插管件承口内，插入至长度标记位置，并检查配合尺寸；

4）通电前，应校直两对应的待连接件，使其在同一轴线上，并用专用夹具固定管材、管件。

5．治理措施

切除不合格连接，按要求重新连接。

6．工程实例图片（图 2.2-5）

图 2.2-5　PE 电熔连接

2.2.3　通病名称：PE 材料过期

1. 通病现象

PE 管材管件过期，影响工程质量（图 2.2-6）。

2. 规范标准相关规定

《聚乙烯燃气管道工程技术标准》CJJ 63—2018

3.1.3　聚乙烯管材、管件和阀门不应长期户外存放。当从生产到使用期间，累计受到太阳能辐射量超过 3.5GJ/m^2 时，或按本标准第 3.2.2 条规定存放，管材存放时间超过 4 年、密封包装的管件存放时间超过 6 年，应对其抽样检验，性能符合要求方可使用。

管材抽检项目应包括静液压强度（165h/80℃）、电熔接头的剥离强度和断裂伸长率。管件抽检项目包括静液压强度

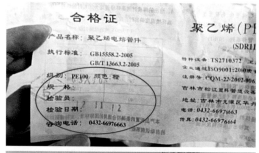
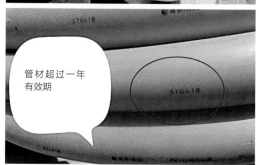

图 2.2-6　PE 管材管件过期

（165h/80℃）、热熔对接连接的拉伸强度或电熔管件的熔接强度。阀门抽检项目包括静液压强度（165h/80℃）、电熔接头的剥离强度、操作扭矩和密封性能试验。

3. 原因分析

（1）材料存放过久。

（2）施工工期改变，导致管材存放时间过长。

4. 预防措施

（1）控制采购计划。

（2）材料先进先出，控制材料储存。

（3）施工领料和使用前检查材料生产日期。

5. 治理措施

超过期限时宜重新抽样，进行性能检验，合格后方可使用。管材检验项目：静液压强度（165h/80℃）、热稳定性和断裂伸长率；管件检验项目：静液压强度（165h/80℃）、对接熔接的拉伸强度或电熔管件的熔接强度。

2.2.4　通病名称：补口质量不合格

1. 通病现象

管道未除锈刷底漆、补口不平整，影响防腐质量（图 2.2-7、图 2.2-8）。

图 2.2-7　补口不平整　　　　　　　图 2.2-8　防腐未刷底漆

2．规范标准相关规定

《埋地钢质管道聚乙烯防腐层》GB/T 23257—2017

9.4　补口质量应检验外观、漏点及剥离强度等三项内容，检验宜在补口安装 24h 后进行：

补口的外观应逐个目测检查，热收缩带（套）表面应平整、无皱折、无气泡、无空鼓、无烧焦炭化等现象；热收缩带（套）周向应有粘结剂均匀溢出。固定片与热缩带搭接部位的滑移量不应大于 5mm。

3．原因分析

（1）辐射交联聚乙烯热收缩带（套）选用的规格和管径不配套。

（2）焊缝及其附近未进行清理，或清理不干净。

（3）补口部位的表面除锈等级达不到 GB/T 8923.1—2011 规定的 Sa 21/2 级，除锈后表面灰尘度等级低于 GB/T 18570.3—2005 规定的 3 级。

（4）补口搭接部位的聚乙烯层未打磨或表面粗糙程度不符合热收缩带（套）使用说明书的要求。

（5）未按照产品使用说明书和补口施工工艺规程的要求调配底漆并均匀涂刷。

（6）热收缩带加热，对热收缩带上任意一点长时间烘烤。

（7）在环境条件不佳的情况下，如雨天、风力达到 5 级以上、相对湿度大于 85% 等，且无有效措施时，仍进行露天补口施工。

4．预防措施

（1）辐射交联聚乙烯热收缩带（套）应按管径选用配套的规格，产品的基材边缘应平直，表面应平整、清洁、无气泡、裂口及分解变色。

（2）应对焊口进行清理，环向焊缝及其附近的毛刺、焊渣、飞溅物、焊瘤等应清理干净。补口处的污物、油和杂质应清理干净；防腐层端部有翘边、生锈、开裂等缺陷时，应进行清理。

（3）在进行表面磨料喷砂除锈前，应使用无污染的热源将补口部位的钢管温度预热至露点以上至少 5℃。

（4）补口部位的喷砂除锈应采用适宜的磨料，粒度均匀，且应干燥、清洁、无杂质。补口部位的表面除锈等级应达到 GB/T 8923.1—2011 规定的 Sa 21/2 级，锚纹深度应达到 40 ~ 90μm。除锈后应清除表面灰尘，表面灰尘度等级应不低于 GB/T 18570.3 规定的 3 级。

（5）补口部位钢管表面处理与补口施工间隔时间不宜超过 2h，表面返锈时，应重新进行表面处理。

（6）补口搭接部位的聚乙烯层应打磨至表面粗糙，粗糙程度应符合热收缩带（套）产品说明书的要求。

（7）按照热收缩带（套）产品说明书的要求控制预热温度。加热后应采用接触式测温仪或经接触式测温仪校准的红外线测温仪测温，应至少分别测量补口部位钢管表面、聚乙烯防腐层表面周向均匀分布 4 个点的温度，结果均应符合产品说明书的要求。用红外测温仪测温时，应根据校准结果对测量的数据进行修正。

（8）应按照产品使用说明书和补口施工工艺规程的要求调配底漆并均匀涂刷，底漆的湿膜厚度应不小于 150μm。

（9）热收缩带加热，宜控制火焰强度，缓慢加热，不应对热收缩带上任意一点长时间烘烤。收缩过程中用指压法检查胶的流动性，手指压痕应自动消失。

（10）收缩后，热收缩带（套）与聚乙烯层搭接宽度应不小于 100mm；采用热收缩带时，应采用固定片固定，周向搭接宽度应不小于 80mm。

（11）当存在下列情况之一，且无有效措施时，不应进行露天补口施工：

1）雨天、雪天、风沙天；

2）风力达到 5 级以上；

3）相对湿度大于 85%；

4）环境温度低于 0℃。

（12）应采用无污染的加热方式对钢管表面补口部位进行加热。

5. 治理措施

拆除不合格的补口，按要求重新进行安装。

6. 工程实例图片（图 2.2-9）

图 2.2-9 防腐补口

2.2.5 通病名称：补伤质量不合格

1. 通病现象

补伤片鼓泡，达不到防腐效果（图 2.2-10）。

2. 规范标准相关规定

《埋地钢质管道聚乙烯防腐层》GB/T 23257—2017

9.5.6 补伤质量应检验外观、漏点及剥离强度等三项内容：

a）补伤后的外观应逐个检查，表面应平整、无皱折、无气泡、无烧焦碳化等现象；补伤片四周应粘结密封良好。不合格的应重补。

图 2.2-10 补伤片鼓泡

3. 原因分析

（1）修补时，未先除去损伤部位的污物。

（2）未将修补处的聚乙烯层打毛；损伤部位的聚乙烯层修切不圆滑。

（3）在孔内胶粘剂填不够；贴补时未边加热边用辊子滚压或戴耐热手套用手挤压，排出空气。

4. 预防措施

（1）补伤可采用辐射交联聚乙烯补伤片、热收缩带、聚乙烯粉末、热熔修补棒和粘弹体加外防护等方式。

（2）对于小于或等于 30mm 的损伤，可采用辐射交联聚乙烯补伤片修补。补伤片的性能应达到热收缩带的规定，补伤片对聚乙烯的剥离强度应不低于 50N/cm。

（3）修补时，应先除去损伤部位的污物，并将该处的聚乙烯层打毛。然后将损伤部位的聚乙烯层修切圆滑，边缘应形成钝角，在孔内填满与补伤片配套的胶粘剂，然后贴上补伤片。补伤片的大小应保证其边缘距聚乙烯层的孔洞边缘不小于 100mm。贴补时应边加热边用辊子滚压或戴耐热手套用手挤压，排出空气，直至补伤片四周胶粘剂均匀溢出。

（4）对于大于 30mm 的损伤，可贴补伤片，然后在修补处包覆一条热收缩带，包覆宽度应比补伤片的两边至少各大 50mm。

（5）对于直径不超过 10mm 的漏点或损伤深度不超过管体防腐层厚度 50% 的损伤，施工现场宜用热熔修补棒修补。

5. 治理措施

现场施工过程的补伤，每 20 个补伤抽查一处剥离强度，不合格时，应加倍抽查。加倍抽查仍出现不合格时，则对应的 20 个补伤应全部返修。

6. 工程实例图片（图 2.2-11）

图 2.2-11 补伤片施工

2.2.6 通病名称：钢质管道保护——牺牲阳极施工不合格

1. 通病现象

钢质管道保护达不到设计要求，造成管道腐蚀（图 2.2-12 ~ 图 2.2-14）。

图 2.2-12 锌阳极表面氧化严重，表面形成坑洞腐蚀

图 2.2-13 埋设时没有浇透水，阳极表面钝化失效；　　　　图 2.2-14 管道引线焊点不合格
　　　　　线缆埋设无保护、无标识

2. 规范标准相关规定

《埋地钢质管道阴极保护技术规范》GB/T 21448—2017

6 牺牲阳极系统

6.1 基本要求

6.1.1 牺牲阳极系统适用于保护敷设在电阻率较低的土壤、水、沼泽或湿地环境中的小口径管道或距离较短并带有优质防腐层的管道。

6.1.2 选用牺牲阳极时，应考虑以下因素：

——无合适的可利用电源；

——电器设备难以维护保养的情形；

——临时性保护；

——强制电流系统保护的补充；

——永冻土层内管道周围土壤融化带；

——存在阴极保护屏蔽的地方。

6.1.3 牺牲阳极上应标记材料类型（如商标）、阳极质量（不包括阳极填充料）、炉号。供应商应提供完整的文件资料说明阳极的数量、类型、质量、直径、化学成分和性能数据等。

6.7 牺牲阳极布置

6.7.1 棒状牺牲阳极

6.7.1.1 棒状牺牲阳极可采取单支埋设或多支成组埋设两种方式，同组阳极宜选用同一炉号或开路电位相近的阳极。

6.7.1.2 棒状牺牲阳极埋设方式按轴向和径向分为立式和水平方式两种，一般情况下，牺牲阳极宜距管道外壁 3m ～ 5m，最小不宜小于 0.5m，埋设深度以阳极顶部距地面不小于 1m 为宜，成组埋设时，阳极间距宜为 2m ～ 3m。

6.7.1.3 棒状牺牲阳极埋设在冻土层以下。埋设在地下水位低于 3m 的干燥地带或河床中的阳极，应适当加深埋设。在冻土区，阳极应安装在冻融地层或岛状冻土之间的非永冻土层。

6.7.1.4 棒状牺牲阳极布置时，阳极与管道之间不应存在其他金属构筑物。

9.1.6.1 阴极保护电缆敷设应符合 GB 50217 相关规定，宜在电缆正上方每隔 50m 以及电缆转角处设置电缆走向标志桩。

9.1.6.2 阴极保护电缆埋地敷设时，应减少电缆接头。

9.1.6.3 阴极保护电缆穿越围墙、道路、管道、沟渠以及其他电缆时，应采取套管防护。

9.1.6.4 电缆与管道焊接前应将焊点处打磨至露出金属光泽，焊点应牢固无尖锐突出，不应虚焊，焊后应清除焊渣，焊点应防腐密封。

3. 原因分析

（1）未按照设计和规范要求施工。

（2）未先将排流阳极表面清理干净。

（3）埋设深度和间距不符合设计和规范要求。

（4）布置阳极时，阳极与管道之间有金属构筑物。

（5）阳极及参比电极回填前未充分浸泡湿润。

4. 预防措施

（1）严格按照国家规范要求施工。

（2）排流阳极在使用前需对其质量进行认真检验，应先将排流阳极表面清理干净，除去氧化皮及油污，使其呈金属光泽。

（3）阳极连接电缆的埋设深度不应小于0.7m，四周有5～10cm厚的软土，电缆长度要有足够的裕量。

（4）阳极组内阳极可以异侧或同侧埋设，间距为1～1.5m，阳极埋设深度与管道同深，但距地面不小于1m为宜。

（5）布置阳极时，阳极与管道之间不应有金属构筑物。

（6）阳极及参比电极回填前需充分浸泡湿润。

（7）与管道相连的电缆应采用铝热焊技术连接，焊好后采用环氧树脂玻璃丝布或热溶胶封闭焊点，最后采用热收缩带补口，防腐等级要比原来的覆盖层高。

（8）为确保牺牲阳极保护效果，与原管道连接处应增加绝缘接头，为避免绝缘接头遭受电涌破坏，在绝缘接头处设置绝缘接头避雷器进行保护。

5. 治理措施

严格按照国家规范要求重新返工。

6. 工程实例图片（图2.2-15、图2.2-16）

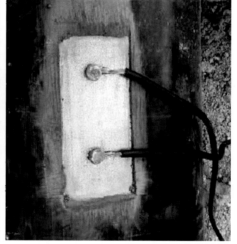

图2.2-15　牺牲阳极埋设图　　　　图2.2-16　管道牺牲阳极引线焊接

2.2.7　通病名称：PE示踪线连接不符合要求

1. 通病现象

PE示踪线连接接触不良，未放合适位置（图2.2-17、图2.2-18）。

2. 规范标准相关规定

（1）《聚乙烯燃气管道工程技术标准》CJJ 63—2018

6.3.4　示踪线、地面标志、警示带、保护板的敷设和设置应符合下列规定：

1　示踪线应敷设在聚乙烯燃气管的正上方；并应有良好的导电性和有效的电气连接，示踪线上应设置信号源井。

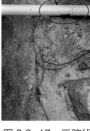

图 2.2-17 示踪线
放置位置不当

图 2.2-18 示踪线接头不符合规定

（2）《城镇燃气输配工程施工及验收规范》CJJ 33—2005

7.2.9 聚乙烯燃气管道敷设时，应在管顶同时随管道走向敷设示踪线，示踪线的接头应有良好的导电性。

3. 原因分析

未按设计和施工要求进行施工。

4. 预防措施

（1）设计应明确示踪线接头的连接方法，示踪线的接头应采用电工连接（两端搭接后，相互紧密缠绕 4～5 圈，外面缠扎绝缘胶布处理）或其他能够确保导电性的连接方式。

（2）施工前，应对施工人员进行示踪线连接方法的培训。

（3）施工过程中，施工管理人员应检查施工质量。

5. 治理措施

按设计和施工要求重新施工。

6. 工程实例图片（图 2.2-19 ～图 2.2-21）

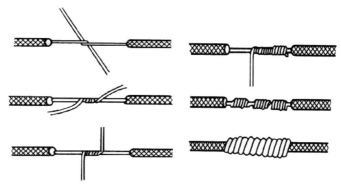

图 2.2-19 示踪线正确连接方法

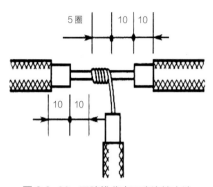

图 2.2-20　示踪线分支正确连接方法

图 2.2-21　示踪线随管道敷设且
置于管道顶面

2.2.8　通病名称：警示带不符合要求

1. 通病现象

未敷设警示带（图 2.2-22）。

2. 规范标准相关规定

《城镇燃气输配工程施工及验收规范》
CJJ 33—2005

2.5.1　埋设燃气管道的沿线应连续敷设
警示带。

3. 原因分析

未按设计和规范要求施工。

4. 预防措施

（1）埋设燃气管道的沿线应连续敷设警
示带，警示带敷设前应将敷设面压实，并平
整地敷设在管道的正上方，距管顶的距离宜
为 0.3 ~ 0.5m，但不得敷设于路基和路面里。

（2）警示带平面布置可按表 2.2-1 规定执行。

图 2.2-22　未敷设警示带

警示带平面布置　　　　　　　　　　　　　　　　表2.2-1

管道公称直径（mm）	≤ 400	≥ 400
警示带数量（条）	1	2
警示带间距（mm）	—	150

（3）警示带宜采用黄色聚乙烯等不易分解的材料敷设，并印有明显、牢固的警示语，
字体不宜小于 100mm×100mm。

5. 治理措施

（1）按规范要求，在燃气管道的沿线连续敷设警示带，警示带敷设前应将敷设面压实，并平整地敷设在管道的正上方，距管顶的距离宜为 0.3 ~ 0.5m，但不得敷设于路基和路面里。

（2）警示带宜采用黄色聚乙烯等不易分解的材料敷设，并印有明显、牢固的警示语，字体不宜小于 100mm×100mm。

6. 工程实例图片（图 2.2-23）

图 2.2-23　警示带敷设

2.2.9　通病名称：相邻管道净距不足

1. 通病现象

相邻管道净距不足，影响运营安全（图 2.2-24）。

2. 规范标准相关规定

《城镇燃气设计规范》GB 50028—2006

6.3.3　地下燃气管道与建筑物、构筑物或相邻管道之间的水平和垂直净距，不应小于表 6.3.3-1 和表 6.3.3-2 的规定。

图 2.2-24　相邻管道间距不足

地下燃气管道与建筑物、构筑物或相邻管道之间的水平净距（m）　　表6.3.3-1

项目		地下燃气管道压力（MPa）				
		低压 ≤ 0.01	中压		次高压	
			B ≤ 0.2	A ≤ 0.4	B 0.8	A 1.6
建筑物的	基础	0.7	1.0	1.5	—	—
	外墙面(出地面处)	—	—	—	5.0	13.5
给水管		0.5	0.5	0.5	1.0	1.5
污水、雨水排水管		1.0	1.2	1.2	1.5	2.0
电力电缆(含电车电缆)	直埋	0.5	0.5	0.5	1.0	1.5
	在导管内	1.0	1.0	1.0	1.0	1.5

续表

项目		地下燃气管道压力（MPa）				
		低压 ≤ 0.01	中压		次高压	
			B ≤ 0.2	A ≤ 0.4	B 0.8	A 1.6
通信电缆	直埋	0.5	0.5	0.5	1.0	1.5
	在导管内	1.0	1.0	1.0	1.0	1.5
其他燃气管道	$DN \leq 300mm$	0.4	0.4	0.4	0.4	0.4
	$DN>300mm$	0.5	0.5	0.5	0.5	0.5
热力管	直埋	1.0	1.0	1.0	1.5	2.0
	在管沟内(至外壁)	1.0	1.5	1.5	2.0	4.0
电杆（塔）的基础	≤ 35kV	1.0	1.0	1.0	1.0	1.0
	>35kV	2.0	2.0	2.0	5.0	5.0
通讯照明电杆（至电杆中心）		1.0	1.0	1.0	1.0	1.0
铁路路堤坡脚		5.0	5.0	5.0	5.0	5.0
有轨电车钢轨		2.0	2.0	2.0	2.0	2.0
街树（至树中心）		0.75	0.75	0.75	1.2	1.2

地下燃气管道与构筑物或相邻管道之间垂直净距（m）　　　表6.3.3-2

项目		地下燃气管道（当有套管时，以套管计）
给水管、排水管或其他燃气管道		0.15
热力管、热力管的管沟底（或顶）		0.15
电缆	直埋	0.50
	在导管内	0.15
铁路（轨底）		1.20
有轨电车（轨底）		1.00

3. 原因分析

（1）设计时，规划图纸资料不齐全，不是最新版本。

（2）施工前，未对现场的其他管线等进行探测检查和核对图纸。

（3）未按设计图纸和规范要求施工。

4. 预防措施

（1）设计时，规划图纸资料齐全，是最新版本。

（2）按规范要求设计相邻管线间距。

（3）施工前，应对现场的其他管线等进行探测检查和核对图纸。

（4）按图纸和规范要求施工。

5. 治理措施

（1）对现场的其他管线等进行探测检查，重新核对和设计。

（2）按图纸和规范要求施工。

（3）对于施工现场，保持和相邻管线距离有难度时，可采取有效保护措施或修改设计。

2.2.10 通病名称：管道敷设后未及时埋设标志桩（牌）或数量不足、标志不清

1. 通病现象

无标志牌（桩）或数量不足，影响运营维护（图 2.2-25）。

2. 规范标准相关规定

《城镇燃气输配工程施工及验收规范》CJJ 33—2005

2.6　管道路面标志设置

2.6.1　对混凝土和沥青路面，宜使用铸铁标志；对人行道和土路，宜使用混凝土方砖标志；对绿化带、荒地和耕地，宜使用钢筋混凝土桩标志。

2.6.2　路面标志应设置在燃气管道的正上方，并能正确、明显地指示管道的走向和地下设施。设置位置应为管道转弯处、三通、四通处、管道末端等，直线管段路面标志的设置间隔不宜大于 200m。

图 2.2-25　地面标志不足

2.6.4　路面标志上应标注"燃气"字样，可选择标注"管道标志"、"三通"及其他说明燃气设施的字样或符号和"不得移动、覆盖"等警示语。

2.6.6　铸铁标志和混凝土方砖标志埋入后应与路面平齐；钢筋混凝土桩标志埋入的深度，应使回填后不遮挡字体。混凝土方砖标志和钢筋混凝土桩标志埋入后，应采用红漆将字体描红。

3. 原因分析

（1）未按设计和规范要求安装标志牌（桩）。

（2）安装的标志牌（桩）数量不足。

（3）遗失或损坏的标志牌（桩）未及时补充和更换。

4. 预防措施

（1）路面恢复后，及时埋设、安装标志桩（牌）。

（2）标志桩（牌）的位置和数量按规范和城市管理要求执行。

（3）路面标志应设置在燃气管道的正上方，并能正确、明显地指示管道的走向和地下设施。设置位置应为管道转弯处、三通、四通处、管道末端等，直线管段路面标志的设置间隔按规范和城市管理要求执行。

（4）路面标志上应标注"燃气"字样，可选择标注"管道标志""三通"及其他说明燃气设施的字样或符号和"不得移动、覆盖"等警示语。

5. 治理措施

按设计和规范要求安装和补齐（替换）标志牌（桩）。

6. 工程实例图片（图 2.2-26）

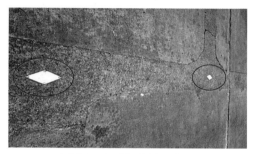

图 2.2-26　地面标志示意图

2.3　管道穿越、跨越工程

2.3.1　通病名称：定向钻施工措施不当

1. 通病现象

管道定向钻施工，管道或管道防腐层损伤（图 2.3-1）。

2. 规范标准相关规定

《城镇燃气管道穿跨越工程技术规程》CJJ/T 250—2016

5.3.8　扩孔应符合下列要求：

1　最终扩孔直径应根据穿越管道的直

图 2.3-1　定向钻穿越后管道防腐层损伤

径、长度、穿越地质条件和钻机能力确定，最小扩孔直径可按表 5.3.8 的规定执行。

最小扩孔直径　　　　　　　　　　　　　　　表5.3.8

穿越管道的直径 DN（mm）	最小扩孔直径（mm）
<200	$DN+100$
200 ~ 600	$1.5DN$
>600	$DN+300$

2 当管径大于 DN300 时，扩孔宜采取多级扩孔、多次扩孔的方式进行。

3 扩孔过程中，当扭矩、拉力较大时，可采取洗孔作业。洗孔结束后，可继续进行扩孔。

5.3.14 回拖作业应符合下列规定：

1 应采取避免损伤管道及外防腐层的有效措施。可采取发送沟蓄水漂管、发送架及吊机送管等方式，避免管道与地面直接接触。管道入洞口前与地面的接触处部位应进行润滑。

2 应实时记录回拖过程的回拖力、扭矩、回拖速度、钻进液流量等数据，并应附于竣工资料中。

3 宜对钢管的外防腐层进行电火花测试，对防腐层的损伤部位应及时修补。

3. 原因分析

（1）水平定向钻钻机的选用不合适。

（2）钻进液黏度及泥浆配比不合理。

（3）穿越段预制管道未与入土点、出土点成一直线，或曲率半径不符合设计要求。

（4）管道回拖时，未将管道放在滚轮架上，或滚轮架的强度、刚度和稳定性不够。

（5）管道前段未作有效保护措施。

4. 预防措施

（1）进行定向钻施工时，施工单位应根据勘察资料制定具体施工方案，报相关部门及主管人员批准后方可实施。

（2）严格控制施工程序，每一阶段性施工完成后，均应检查确认后方可进行下一步施工。

5. 治理措施

（1）严格按照相关规范要求进行扩孔。

（2）管道回拖时，应先拖出 3 ~ 5m 进行检验，最终确认管道防腐层划痕深度小于壁厚 10% 以内，方可继续进行回拖作业。

（3）回拖时应保持连续作业。当采取两端或多段管段接力回拖时，中途停止回拖的时间不宜超过 4h。

（4）施工时调整泥浆配比、控制泥浆压力以保证成孔，必须严格控制定向钻轨迹。

（5）水平定向钻钻机的选用应根据计算的最大回拖力确定，钻机最大回拖力不宜小于计算值的 2 倍。根据现场实际情况选择有效的控向系统与传感器，合理确定钻进液黏度及泥浆配比。

（6）穿越管段应与干线管道保持同心，其允许偏差为穿越段管道长度的 0.5%；施工时应用测量仪器放出穿越中心线，确定穿越入土点、出土点位置，并且附于竣工资料中。

（7）穿越段预制管道应与入土点、出土点成一直线，当受现场条件限制时，预制管道可适当弯曲，曲率半径应符合设计要求。

（8）管道回拖时，应将管道放在滚轮架上，以避免损伤管道，滚轮架应有足够的强度、刚度和稳定性。

6. 工程实例图片（图2.3-2）

图2.3-2　定向钻穿越后管道防腐层正常

2.4　阀门及阀室

2.4.1　通病名称：阀门井施工不规范

1. 通病现象

管道中有泥土、砂石等杂物（图2.4-1），未用石粉和细沙填实至放散阀底部（图2.4-2）。

图2.4-1　未清除管道中泥土、砂石等杂物

图2.4-2　未用石粉和细沙填实至放散阀底部

2．规范要求

为保证城市燃气管网的安全与操作方便，埋地燃气管道上的阀门一般都设置在阀门井中。阀门井的防水性能和坚固程度，直接关系着阀门的使用状况，从而影响着整个燃气管网的运行。现在部分阀门井成了垃圾坑、下水道、水坑，这些隐患的存在影响燃气的可靠运行。

3．原因分析

（1）阀门井砌好后未按要求对内壁用水泥砂浆抹平。

（2）安装前未清除阀门井中泥土、砂石、积水等杂物。

（3）阀门四周用石粉和细沙填实未达到通用图规定高度。

4．预防措施

（1）按设计施工图纸及通用图要求施工。

（2）控制施工质量。

5．治理措施

（1）设计图纸中如有具体要求，阀门井应按图纸具体要求施工。

（2）如设计图纸中对阀门井施工无明确要求，需参照燃气通用图集中相关要求执行。

第3章 环卫工程

3.1 土石方工程

3.1.1 通病名称：地基沉降过大或不均匀沉降

1. 通病现象

一是基底的沉降过大或不均匀沉降，导致垃圾填埋场各种结构系统的变形过大甚至破坏（图3.1-1）；二是总沉降或不均匀沉降均导致堆体的失稳。

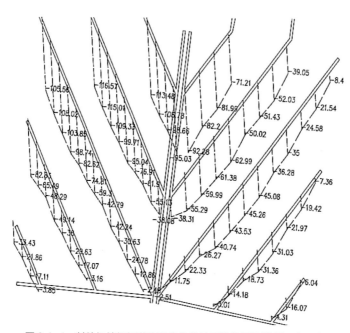

图3.1-1 某垃圾填埋场淋滤液收集排放系统位置的地基沉降示意图

2. 规范标准相关规定

设计规范标准相关规定

《生活垃圾卫生填埋处理技术规范》GB 50869—2013

6.1.1 填埋库区地基应是具有承载填埋体负荷的自然土层或经过地基处理的稳定土层，不得因填埋堆体的沉降而使基层失稳。对不能满足承载力、沉降限制及稳定性等工程建设要求的地基应进行相应的处理。

6.1.3 在选择地基处理方案时，应经过实地的考察和岩土工程勘察，结合考虑填埋堆体结构、基础和地基的共同作用，经过技术经济比较确定。

6.1.4 填埋库区地基应进行承载力计算及最大堆高验算。

6.1.5 应防止地基沉降造成防渗衬里材料和渗沥液收集管的拉伸破坏，应对填埋库区地基进行地基沉降及不均匀沉降计算。

13.3.1 填埋堆体的稳定性应考虑封场覆盖、堆体边坡及堆体沉降的稳定。

13.3.4 堆体沉降稳定宜根据沉降速率与封场年限来判断。

3. 原因分析

（1）设计原因

1）垃圾填埋场荷载较大，一般填埋高度为 30 ~ 80m，荷载约达 300 ~ 800kPa，故引起的沉降较大，尤其在软土或黏性土分布较厚的场地，沉降达 1.0 ~ 2.5m。

2）场区填埋达设计高度后形成大锥体，一般中心点荷载最大（实测天津双口垃圾卫生填埋场中心点的最终沉降量达 2.1454m），边缘点荷载最小，一般在此两点之间的差异沉降最大。

3）垃圾填埋场的地基稳定不仅与地基承载力强度和软弱下卧层强度，场地是否有土洞、地裂、滑坡、崩塌及地震液化等影响场地稳定性的自然因素有关，还与场地及附近有无大量抽汲地下水的设施，大面积地表沉降、荷载及地基均匀性差而引起的地基不均匀沉降等因素有关。

（2）施工原因

填埋场的垃圾填埋工作是分区分期进行的，在使用初期只有部分填埋区被使用，其他的区域处于闲置状态，通过分期坝隔开，这会产生区域荷载差异，会引起差异沉降和失稳等问题，不可忽略施工工况对结构体系造成的影响甚至失效破坏。

（3）材料原因

1）填埋堆体垃圾组分的差异（如来自于工业区和生活区与来自于郊区与城区的垃圾体密度分布很不均匀）、复杂的填埋过程以及最终锥体的形状特点，必然会造成由固体废弃物重力产生的填埋场基底压力在不同区域、不同时间段存在较大的差异，造成地基土在不同位置产生相应的差异沉降。

2）固体废弃物属于松散体，虽然填埋压实后具有一定的刚度，但其值较小，相对于长宽都较大的场地来说，其调节沉降及不均匀沉降的能力较弱。

3）由于垃圾堆体的埋深一般不大，多置于新近沉积土体之上，土体压缩模量较低，沉降一般较大。

4）填埋场围内地基土质具有不均匀性。

4. 预防措施

（1）设计措施

1）大型垃圾填埋场的衬垫系统设计必须考虑地基沉降及其差异沉降，对于渗滤液排放收集系统和覆盖系统的设计，不仅需要考虑场区地基沉降和差异沉降，还必须考虑垃圾体本身的沉降，并将二者结合起来进行综合分析。在必要的时候，应以各种沉降引起的变形对各系统进行控制性设计。复合型扩建垃圾填埋场更应详尽计算分析填埋高度不一致引起的不均匀沉降问题，尤其是原有垃圾堆体在新垃圾堆体荷载作用下的"二次沉降"问题等。

2）填埋区地基设计的关键在于地基沉降计算与稳定性计算，它们是确定渗沥液收集管布置坡度、垃圾堆体的最终形式、填埋高度以及填埋场道路布置方案的首要依据。

（2）施工措施

1）在项目的可行性研究阶段，场址的选择、基础的稳定性和填埋体的沉降等问题都需要进行反复的研讨。在垃圾填埋场运营期间及封场后的相当长时间内，都需要对垃圾填埋场的沉降进行预测和记录。

2）垃圾填埋场详细勘察阶段应重点查明下列内容：①地貌形态、地形条件，区内及周边厂矿企业、居民区的分布，自然景观、有价值的遗址、文物，矿产开采及采空区分布；②地层的年代、岩性特征、风化程度，地质构造发育情况、产状及分布特点；③洪水、滑坡、泥石流、岩溶、断裂等与场地有关的不良地质作用；④气候与气象条件、地表水环境、生态环境；⑤岩土的物理力学性质，场地、地基和边坡的稳定性；⑥地下水的赋存及开采利用，地下水的分布、埋藏、径流及与地表水的关系；⑦污染物的运移，对水源和岩土的污染，对环境的影响；⑧垃圾土的物理力学指标，其堆积体的变形和稳定性及地震效应；⑨防渗层、封盖层、挡土坝、污水处理系统、临时道路路基等构筑物设计的相关岩土参数的提供。

（3）材料措施

1）在软基上修建垃圾填埋场，由于其填埋历时较长，所以可以考虑充分利用天然地基的强度随固结增长的性质而减少地基处理的工作量，但它依赖于对土壤性状的准确把握。另外，其最终沉降量较大，对周围的影响也较显著，这在设计中应充分关注。

2）柱锤冲扩桩法是借用强夯原理采用桩的形式与地基土体共同作用形成复合地基，可用于处理杂填土、粉土、黏性土、素填土和黄土等地基。柱锤冲扩桩法在处理较厚杂填土场地时，有其显著优势。利用柱锤冲扩桩法处理后地基均匀密实，效果显著。

5. 治理措施

（1）复合地基是软弱地质处理时的常用技术，其适应性极广，几乎适用于所有软弱地基。可用碎石桩复合地基提高地基承载力，有效降低地基沉降。

碎石桩复合地基与实体材料桩复合地基的传力机理不同。碎石桩没有粘结强度，它的承载能力主要是靠桩周土约束其侧向变形来提供的。采用碎石桩加固软土，受力区集中在距离桩顶4倍桩径范围内，其地基承载力提高20%～60%。碎石桩复合地基承载能力提高主要取决于以下三个方面：挤密效应、置换效应、加速排水效应。在砂土地基中，挤密效应较为显著，在软黏土中桩主要起置换作用；复合地基的置换作用随着置换率的大小而变化，并且与桩体模量有关；在软黏土中，排水效应使桩周土中水分通过桩体排出，加速了桩周土的固结，从而提高了复合地基的承载能力。为了增加碎石桩粘结强度，可采用水泥粉煤灰碎石桩。

水泥粉煤灰碎石桩施工方法：

1）设备组装。桩机进入现场，根据设计桩长、沉管入土深度确定机架高度和沉管长度，并进行设备组装。

2）就位。桩机就位须水平、稳固，调整沉管与地面垂直，确保垂直度偏差不大于规定值。

3）沉管。启动马达，沉管过程中注意调整桩机的稳定，严禁倾斜和错位，沉管到预定标高，停机。

4）记录与投料。沉管过程中做好记录，每记录电流表上的电流一次，并对土层变化处给予说明。停机后立即向管内投放混合料，直到混合料与理料口齐平。混合料按设计配合比经搅拌机加水拌和，搅拌时间不得少于 2min，如粉煤灰用量较多，搅拌时间还应适当延长。加水量按坍落度一控制，成桩后浮浆厚度以不超过为宜。

5）振动拔管。启动马达，振一，开始拔管，拔管速率一般为一耐，如遇淤泥或淤泥质土，拔管速率还应放慢。拔管过程中不允许反插。如上料不足，须在拔管过程中空中投料，以保证成桩后桩顶标高达到设计要求。

6）封顶。沉管拔出地面，确认成桩符合设计要求后，用粒状材料或湿黏性土封顶，然后移机进行下一根桩的施工。

7）施工过程中，抽样做混合料试块，一般一个台班做一组块，试块尺寸为 15cm×15cm×15cm，并测定 28 天抗压强度。

（2）在垃圾填埋场地基处理中可采用孔内深层超强夯桩（SDDC 桩）结合灌注桩施工技术。孔内深层超强夯法通过挤密作用降低桩间土的孔隙比，充分利用和发挥桩间土的承载力，从而提高复合地基的承载力。

6. 工程实例图片（图 3.1-2）

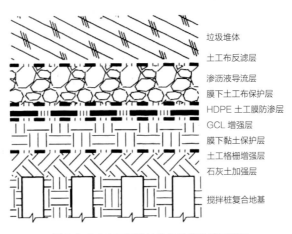

垃圾堆体
土工布反滤层
渗沥液导流层
膜下土工布保护层
HDPE 土工膜防渗层
GCL 增强层
膜下黏土保护层
土工格栅增强层
石灰土加强层
搅拌桩复合地基

图 3.1-2　库区防渗结构与地基处理示意图

3.1.2　通病名称：边坡塌方

1. 通病现象

填方边坡塌陷或滑塌，造成坡脚处土方堆积，坡顶上部土体裂缝。

2. 规范标准相关规定

《生活垃圾卫生填埋场防渗系统工程技术规范》CJJ 113—2007。

图 3.1-3　边坡破坏

3. 原因分析

（1）设计原因

边坡坡度过陡，坡体因自重或地表滞水作用使边坡土体失稳而导致塌陷或滑塌。

（2）施工原因

1）边坡基底的草皮、淤泥、松土未清理干净，与原陡坡接合未挖成阶梯形搭接。

2）边坡填土未按要求分层回填压（夯）实，密实度差，黏聚力低，自身稳定性不够。

3）坡顶、坡脚未做好排水措施，由于水的渗入，土的黏聚力降低，或坡脚被冲刷掏空造成塌方。

（3）材料原因

填方土料采用了淤泥质土等不合要求的土料。

4. 预防措施

（1）设计措施

1）永久性填方的边坡坡度应根据填方高度、土的种类和工程重要性按设计规定放坡。

2）使用时间较长的临时填方边坡坡度，当填方高度在 10m 以内时，可采用 1：1.5 的坡度；填方高度超过 10m 时，可做成折线形，上部为 1：1.5，下部为 1：1.75。

（2）施工措施

1）边坡施工应按填土压实标准进行水平分层回填、碾压或夯实。当采用机械碾压时，应注意保证边缘部位的压实质量；对不要求边坡修整的填方，边坡宜填宽 0.5m，对要求边坡修整拍实的填方，宽填可为 0.2m。机械压实不到的部位，配以小型机具和人工夯实。填方场起伏之处，应修筑 1：2 阶梯形边坡。分段填筑时，每层接缝处应作 1：1.5 斜坡形，以保证质量。

2）机械压实不到的部位，配以小型机具和人工夯实。填方场起伏之处，应修筑 1：2 阶梯形边坡。分段填筑时，每层接缝处应做成 1：1.5 斜坡形，以保证质量。

3）在气候、水文和地质条件不良的情况下，对黏土、粉尘、细沙、易风化岩石边坡以及黄土类缓边坡，应于施工完毕后，随即进行防护。填方铺砌表面应预先整平，充分夯压密实，陷处填平捣实。

4）在边坡上、下部做好排水沟，避免在影响边坡稳定的范围内积水。

（3）材料措施

填方应选用符合要求的土料，避免采用腐殖土和未经破碎的大块土作边坡填料。

5. 治理措施

边坡局部塌陷或滑塌，可将松土清理干净，与原坡接触部位做成阶梯状，用黏性土或 3：7 灰土分层回填夯实修复，并做好坡顶、坡脚排水措施。大面积塌方，应考虑将边坡修成缓坡，做好排水和表面罩覆措施。

6. 工程实例图片（图 3.1-4）

图 3.1-4　边坡支护

3.1.3　通病名称：爆破时出现拒爆或残爆

1. 通病现象

放炮时，通电起爆后，工作面的雷管全部或少数不爆称为拒爆。残爆则是指雷管爆后而炸药没有被引爆或炸药没有完全被引爆的现象（图 3.1-5）。

2. 规范标准相关规定

《爆破安全规程》GB 6722—2014

6.8.4.1　检查人员发现盲炮或怀疑盲炮，应向爆破负责人报告后组织进一步检查和处理；发现其他不安全因素应及时排查处理；在上述情况下，不得发出解除警戒信号，经现场指挥同意，可缩小警戒范围。

6.9.1.1　处理盲炮前应由爆破技术负责人定出警戒范围，并在该区域边界设置警戒，处理盲炮时无关人员不许进入警戒区。

图 3.1-5　导管线被拉断

6.9.1.2　应派有经验的爆破员处理盲炮，硐室爆破的盲炮处理应由爆破工程技术人员提出方案并经单位技术负责人批准。

6.9.1.5　严禁强行拉出炮孔中的起爆药包和雷管。

6.9.1.6　盲炮处理后，应再次仔细检查爆堆，将残余的爆破器材收集起来统一销毁；在不能确认爆堆无残留的爆破器材之前，应采取预防措施并派专人监督爆堆挖运作业。

6.9.1.7　盲炮处理后应由处理者填写登记卡片或提交报告，说明产生盲炮的原因、处理的方法、效果和预防措施。

3．原因分析

（1）施工原因

选用了不同厂家、不同品种、不同批次的电雷管或选用的电雷管的电阻差值大于 0.3Ω 以上。起爆时，由于电雷管的起爆冲能、发火电流及发火时间不同，在同一爆破网路中敏感度高的电雷管先起爆，炸断了网路，而有些还没有发火的雷管就会拒爆。

（2）材料原因

1）电雷管质量不合格。电雷管在出爆破材料库前虽然经过全电阻导通检验合格，但运输过程受到振动，有可能使雷管桥丝或脚线脱落或虚接，在工作面使用前，不可能再次进行导通检测，使用了不合格的电雷管造成拒爆。

2）电雷管起爆能力不足。雷管受潮或因密封不严造成防水失效，或超过了雷管有效储存期造成了雷管的起爆能力不足。起爆能力不够会造成雷管响后炸药没有被引爆，产生拒爆或残爆。

3）电爆网路有串联、并联、串并联和并串联，使用发爆器时为多采用串联，由于爆破网路问题造成拒爆的原因主要有：爆破母线不合格，电阻过大；网路短路；错接或漏接；接头不牢、不洁净，有水或油腻等导致网路电阻增大。这些都能造成全部和部分雷管拒爆。

4．预防措施

（1）施工措施

1）加强雷管检测。雷管在出库发放前，必须使用专用的电雷管检测仪逐个进行电阻检查，并且按照电雷管电阻值的大小编组，将阻值一样或相近的编在同一个电爆网路中，禁止将电阻值相差过大的电雷管混用。

2）正确地选用发炮器。有资料介绍，一般情况下起爆雷管的数目以不超过额定值的 80% 为宜。同时，对放炮器强化实行统一管理，做到统一收发，统一检测维修，定期更换电池，保持完好的工作状态。

3）进行爆破网路准爆电流的计算，注重电爆网路的连接质量。电爆网路的连接要符合设计要求，防止错联和漏联，接头要拧紧，要保持清洁，防止油污和泥浆污染而使接头电阻增大；储存时间较长的雷管还需刮去线头的氧化物、绝缘物、露出金属光泽，各裸露接头彼此应相距足够距离并不得触址；潮湿或有水时，应用防水胶布包裹，放炮母线要有较大的抗拉强度和耐压性能，电阻值要小，以减少线耗。每次放炮前，放炮员都必须用电雷管检测仪对电爆网路进行电阻检查，实测的总电阻值与计算值之差应小于10%，检查确认无误后，方可放炮。

（2）材料措施

优选爆破材料。特别是应使用合格的电雷管，禁止不同厂家生产的不同品种和不同性能参数的电雷管掺混使用，禁止使用过期失效和变质的雷管和炸药，定期抽查检测雷管的起爆能力。

5. 治理措施

（1）如有拒爆现象，爆破员必须先取下把手或钥匙，并将爆破母线从电源下摘下，扭结成短路，再等一定时间（使用瞬间发电雷管时，至少等 5min；使用延期电雷管时，至少等 15min），才可沿线检查，找出拒爆的原因，进行处置。

（2）由于连接不良造成的拒爆，可重新边线起爆。

（3）在距拒爆炮 0.3m 以外另打与拒爆炮眼平行的新炮，重新装药起爆。

（4）严禁用镐刨或从炮眼中取出原放置的起爆药卷或从起爆药卷中拉出电雷管。不论有无残余炸药，严禁将炮眼继续加深；禁用打眼的方法往外掏药；严禁用高压风吹拒爆、残爆炮眼。

（5）对于使用的非抗水型炸药，可将孔内填塞物掏出，再向孔内注水使炸药失效，同时回收雷管并处理。

（6）处理拒爆的炮眼炸后，爆破员必须详细检查爆破后的爆堆，收集未爆的雷管。

6. 工程实例图片（图 3.1-6）

图 3.1-6　非抗水型炸药回收

3.2　防渗水工程

3.2.1　通病名称：渗滤液收集管管口连接处与防渗膜交接部位开裂

1. 通病现象

渗滤液收集管管口连接处与防渗膜交接部位开裂，垃圾渗滤液发生渗漏，造成地下水污染（图 3.2-1）。

2. 规范标准相关规定

（1）相关设计规范

1）《聚乙烯（PE）土工膜防渗工程技术规范》SL/T 231—98

2.5.6　PE 土工膜与刚性结构联接设计应符合下列规定：

1　当 PE 土工膜与混凝土、岩石等刚

图 3.2-1　交接部位开裂

性结构联接时，应采用嵌入或锚固的方法将膜牢固固定，并应在 PE 土工膜与刚性结构之间设置柔性止水。锚固后应用二期混凝土压住形成封闭的防渗体。

附录 B　联接设计

PE 土工膜的底边和周边以及与结构物连接处都必须锚固，并应符合下列要求：

3　PE 土工膜与混凝土廊道、输水管等结构的联接应充分考虑结构物可能产生较大位移，相邻材料的弹性模量不应相差过大。

2）《生活垃圾卫生填埋处理技术规范》GB 50869—2013。

8.2.8　穿过 HDPE 土工膜防渗系统的竖管、横管或斜管，穿管与 HDPE 土工膜的接口应进行防渗漏处理。

（2）相关施工规范

《聚乙烯（PE）土工膜防渗工程技术规范》SL/T 231—98

3.3.6　PE 土工膜现场联接应符合下列规定：

1　焊接形式宜采用双焊缝搭焊。

2　主要焊接工具宜采用自动调温调速电热楔式双道塑料热合机、热熔挤压焊接机，也可采用高温热风焊机。塑料热风焊枪可作局部修补用辅助工具。

3.3.7　现场联接 PE 土工膜可采取以下步骤：

1　用干净纱布擦拭焊缝搭接处，做到无水、无尘、无垢；土工膜应平行对正，适量搭接。

2　根据当时当地气候条件，调节焊接设备至最佳工作状态。

3　在调节好的工作状态下，做小样焊接试验；试焊接 1m 长的 PE 土工膜样品。

4　采用现场撕拉检验试样，焊缝不被撕拉破坏、母材被撕裂认为合格。

5　现场撕拉试验合格后，用已调节好工作状态的热合机逐幅进行正式焊接。

6　用挤压焊接机进行 T 字形结点补疤和特殊结点的焊接。

3. 原因分析

（1）设计原因

填埋场的渗滤液要通过管道向外导排，因此倒排管要穿过防渗系统。管道与土工膜的结合处（即"管穿膜"部位）属于应力集中部位，是整个防渗系统最薄弱的环节，也是防渗施工的一个难点。

（2）施工原因

1）施工接缝工艺不过关，设备陈旧，检验不规范。

2）施工不规范，施工技术交底不足，施工作业人员操作不熟练。

3）特殊地段不均匀沉降处和特殊交接部位技术处理不当。

4）防渗漏材料材质不良或违反操作规程造成渗漏。

5）回填压实时机械处理不当。

（3）材料原因

材料进场前，监理根据施工单位提交的工程材料报审资料，对照图纸和工程量清单核对防渗材料的生产厂家资质、品牌、三证（产品合格证、产品说明书、产品性能检验报告）、运输单、海运提单和数量清单等，确认各项技术指标和认证资料是否符合要求。材料进场后，监理进行产品质量外观检查，见证取样送检，检验合格后方能进场，进场后应注意成品的保护。

4. 预防措施

（1）设计措施

1）土工膜防渗工程应根据总体工程的设计要求和当地水文气象、地形地貌、水文地质、工程地质等自然条件，确定防渗工程的规模、形式和材料选择。

2）管与膜要通过焊接"管套"来形成"管穿膜"这种特殊的施工工艺。

（2）施工措施

1）管与膜焊接采用管穿膜施工工艺：先用土工膜制作一个喇叭状的管套，小口直径与穿膜管外径一致，大口直接应大于等于 1.0m，并分成 6 ~ 8 小片。喇叭口与基础层紧密贴合，确保"管套"没有悬空的部位，局部不平处可采用膨润土垫（GCL）作为附加层垫实找平。然后将套管的大、小套口分别焊接在防渗层土工膜面和 PE 管上。最后在距小套口端部 10cm 处设置不锈钢片管箍进行加强，管箍内需加 HDPE 膜垫片。

2）防渗膜铺设完成后，确定防渗膜破损问题。一种防渗土工膜破损孔洞位置探测方法为：先在防渗膜的上、下面放置正、负电极，然后在防渗土工膜的上、下面形成电势；再采用设有参比电极的电势差移动式探测仪，抽样检测防渗土工膜的覆盖层的电势差；最后通过数据处理即可探测出渗漏破损位置。另外一种防渗土工膜破损孔洞位置探测装置，包括激励电源和设有用于抽样检测防渗土工膜的覆盖层的电势差的参比电极的电势差移动式探测仪，可以在防渗土工膜上面有覆盖层的情况下，准确地对破损孔洞位置探测定位，找到后开挖防渗土工膜上的覆盖层以及损坏处，及时对破损抢修。

（3）材料措施

土工膜在施工的过程中常常需要对接口处进行缝合，如果出现的缝隙是在接口处，那么就需要对接口处重新进行缝合修补，要详细检查缝合的效果，如果出现跳针之类的情况，就需要重新进行缝合。

5. 治理措施

（1）对于堆石坝，缺陷渗漏不会引起大坝堆石体结构安全问题，因此可以考虑透水垫层，将缺陷处的渗漏水直接排入堆石体内至下游。

（2）如为砂砾石坝或壤（黏）土均质坝（比如渗漏修复），不宜采用透水垫层，否则可能会引发缺陷附近坝体渗透稳定问题。此时，可以考虑采用半透水垫层，并在缺陷处垫层局部区域进行抗渗加强处理。抗渗加强后的垫层能明显抑制缺陷处坝体浸润线的上升，相应的渗漏量也有明显减小。当然，此时垫层由于发挥了辅助防渗功能，因此需做好过渡层对其的反滤保护。

（3）对于防渗漏要求特别重要或高水头工程，可考虑膜后增设低透水性黏土层，或者采用 GCL 土工垫，这种垫层设计体现了"膜—土"联合防渗的思想，除提高整体防渗性外，也弥补了土工膜缺陷渗漏问题。国外垃圾填埋场工程常采用这种防渗方式，可考虑将其应用于高土石坝工程中。上述工程设计措施是从土工膜缺陷渗漏角度出发。对于已建土工膜防渗土石坝，如果出现严重渗漏问题，由于目前尚无成熟的土工膜缺陷探测技术，可借鉴常规土质（斜）心墙、斜墙防渗土石坝，采用灌浆等技术进行大坝渗漏修复处理。

6. 工程实例图片（图 3.2-2 ～图 3.2-4）

图 3.2-2　管穿膜工艺设计图　　　　图 3.2-3　排渗管穿 HDPE 土工膜焊接示意图

图 3.2-4　管穿膜工艺施工图

3.2.2　通病名称：边坡坡面转角土工膜破损

1. 通病现象
在山谷地形的边坡转角处土工膜破损，垃圾渗滤液发生渗漏。

2. 规范标准相关规定
（1）相关设计规范
《聚乙烯（PE）土工膜防渗工程技术规范》SL/T 231—98

2.5.2 PE 土工膜的接缝设计应遵守下列原则：

1 使接缝数量最少，且平行于拉应力大的方向。

2 接缝避开弯角，设在平面处。

（2）相关施工规范

《聚乙烯（PE）土工膜防渗工程技术规范》SL/T 231—98

3.3.3 PE 土工膜的铺设施工应符合以下技术要求：

7 坡面上 PE 土工膜的铺设，其接缝排列方向应平行或垂直最大坡度线，且应按由下而上的顺序铺设。

8 坡面弯曲处应使膜和接缝妥贴坡面。

3.3.5 PE 土工膜的铺设应注意下列事项：

1 铺膜过程中应随时检查膜的外观有无破损、麻点、孔眼等缺陷。

2 发现膜面有孔眼等缺陷或损伤，应及时用新鲜母材修补，补疤每边应超过破损部位 10cm ～ 20cm。

3. 原因分析

（1）设计原因

1）边坡转角处的曲率大，在此部位安装土工膜时，如果片材布局不合理易造成端部焊缝集中，端部焊缝汇集会出现因应力集中而导致土工膜破损的质量隐患，如图 3.2-5 所示。

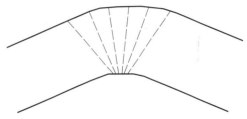

2）大曲率边坡不应采用多块倒梯形同向集中布局的方式。

图 3.2-5 常规做法转角处应力集中易破损

（2）施工原因

填埋场弯角、坡面与坡脚交接处等特殊部位是防渗施工的薄弱环节。施工单位如果不采取有效的强化密封措施或不按要求施工，极易产生渗沥液渗漏。因此，现场监理在特殊部位处理过程中应严格做好旁站监理工作，跟踪检查这些部位的局部加强处理措施、防水构造、材料铺设等是否符合设计和规范的要求。

（3）材料原因

监理对特殊部位应设置质量控制点进行控制，其防渗施工隐蔽工程和质量检测应严格检查验收，防止出现质量缺陷、隐患，同时也要做好铺设、焊接、焊接检测和工序质量检查评定等各类监理检查验收记录。

4. 预防措施

（1）设计措施

大曲率边坡土工膜的铺设应采用图 3.2-6 所示的布局方式，在曲面中心部位铺设一块土工膜，两侧再按坡度线方向布置土工膜。

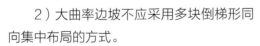

（2）施工措施

1）HDPE 膜铺设前，膜下保护层经检查、验收合格。

2）施工前，监理应掌握天气预报，室外施工气温应在 5 ~ 40℃之间，要求无雨、风力 4 级以下。铺设前防止保护层遭雨淋、水冲，破坏表面平整度。

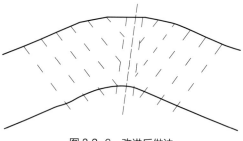

图 3.2-6　改进后做法

3）HDPE 膜铺设按先上后下、先边坡后场底的原则进行。低温时膜应拉紧，高温时膜应放松。膜铺设应无明显损伤、拆皱、隆起、悬空现象。

4）坡面、坡脚膜的铺设，监理应严格检查膜的连接质量。对铺膜顺序、铺设方向，接缝方向、位置、数量等要求施工单位按设计、规范施工。

膜与四周边坡连接应设置中间平台锚固沟和坡顶锚固沟。锚固沟的设置，如边坡坡度、坡长和坡高、平台和沟的结构、回填土压实度、膜端锚固长度等应符合设计和规范要求。

（3）材料措施

1）在防渗材料安装之前要确保材料的铺设面安全达标。一定要确保坡面无过大的起伏过渡，且构建面的结构要足够稳定，才能将防渗膜安装在结构面上。在黏土 2.5cm 垂直深度内不能有过大的尖利物品；且在铺设新一层的土工材料时要确保其质量符合标准。

2）选择恰当的铺设方向。

3）合理控制材料的大小和铺设位置，以达到接缝最少的目的。

4）铺设防渗材料时所使用的工具应不能影响土工材料的正常使用。

5）通常情况下，土工膜的焊接技术坡角处应采取挤出焊接（如图 3.2-7 所示）。

6）不同的土工材料之间的搭接宽度应高于相应的连接标准。

7）在铺设防渗膜的过程中，应尽量保证土工材料的完好。

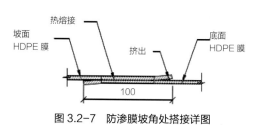

图 3.2-7　防渗膜坡角处搭接详图

8）不能破坏材料且要保证基底表面的完整性。

9）对已连接好的部分要加以保护，不能使其被破坏。

10）铺设安装时应保持片材的平整性。

11）铺设完成后要立即进行压载固锚处理，以保证全部的土工材料都在铺设完成后立刻完成链接。

5．治理措施

（1）对焊接检验切除试样部位、铺焊后材料破损与缺陷部位、焊接缺陷及检验不合格部位等应采用点焊、加盖、补丁等方法修补。对每条焊缝和修补焊缝均应进行非破坏性检测，焊缝的合格率应为 100%。

（2）施工完成后，应按规范要求进行施工质量观感检验、焊缝焊接质量检测、焊缝搭接宽度实测、施工工序质量检查评定，确认合格后方可进入下道工序施工。

（3）施工中和铺设后应注意保护HDPE 膜不受人为破坏，车辆不得直接在膜上碾压。

图 3.2-8　转角施工方法

6. 工程实例图片（图 3.2-8）

3.2.3　通病名称：土工膜下积水鼓包

1. 通病现象

填埋场防渗结构中在坡脚及坝前位置形成膜下水包（图 3.2-9）。

2. 规范标准相关规定

《生活垃圾卫生填埋处理技术规范》GB 50869—2013

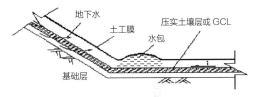

图 3.2-9　土工膜下积水鼓包示意图

8.1.1　填埋场必须进行防渗处理，防止对地下水和地表水的污染，同时还应防止地下水进入填埋场。

8.1.2　填埋场防渗处理应符合现行行业标准《生活垃圾卫生填埋场防渗系统工程技术规范》CJJ 113 的要求。

8.1.3　地下水水位的控制应符合现行国家标准《生活垃圾填埋场污染控制标准》GB 16889 的有关规定。

8.3.1　根据填埋场场址水文地质情况，对可能发生地下水对基础层稳定或对防渗系统破坏的潜在危害时，应设置地下水收集导排系统。

8.3.2　地下水水量的计算宜根据填埋场址的地下水水力特征和不同埋藏条件分不同情况计算。

8.3.3　根据地下水水量、水位及其他水文地质情况的不同，可选择采用碎石导流层、导排盲沟、土工复合排水网导流层等方法进行地下水导排或阻断。地下水收集导排系统应具有长期的导排性能。

8.3.4　地下水收集导排系统宜按渗沥液收集导排系统进行设计。地下水收集管管径可根据地下水水量进行计算确定，干管外径（d_n）不应小于 250mm，支管外径（d_n）不宜小于 200mm。

8.3.5　当填埋库区所处地质为不透水层时，可采用垂直防渗帷幕配合抽水系统进行地下水导排。垂直防渗帷幕的渗透系数不应大于 1×10^{-5} cm/s。

3. 原因分析

（1）设计原因

1）土工膜防渗工程应根据总体工程的设计要求和当地水文气象、地形地貌、水文地质、工程地质等自然条件，确定防渗工程的规模、形式和材料选择。

2）在地下水位较高或坡面存在泉眼时，坡面的地下水会从膨润土垫（GCL）的接缝或顶开坡面土垫层渗流进入库底土工膜下。由于膜下压实土壤层厚度大或膨润土垫（GCL）的遇水膨胀的封闭作用，使得膜下积水无法下渗而形成水包造成质量隐患。

（2）施工原因

1）作业时没有考虑天气、温度、湿度等环境状况是否满足施工质量可达到标准的要求。

2）当地下水位高于基底时，施工前应采用排水或降低地下水位的措施，使地下水位经常保持在施工面以下 500mm 左右。

4. 预防措施

（1）设计措施

在地下水位高或存在坡面泉眼的填埋场，库底地下水导排系统需要特别设置，摒弃地下水盲沟设置在防渗层下 1m 的传统做法，采用地下水导排盲沟穿透压实土壤层或 GCL 层，直达土工膜底面且通长设置的做法，如图 3.2-10 所示。

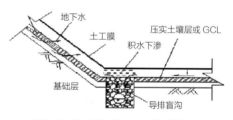

图 3.2-10　膜下地下水盲沟设置示意

（2）施工措施

对不同形式的地下水收集导排设施严格检查验收，着重检查盲沟尺寸、间距、埋深、反滤层、碎石厚度，土工复合排水网的抗拉、抗压强度等是否符合设计要求。导排设施顶面以上 50cm 范围内不得用压路机压实，填土质量应符合要求。

（3）材料措施

1）导排系统头顶部距防渗系统基础层底部要大于等于 1000mm。

2）碎石导流层的厚度应大于 300mm。

5. 治理措施

出现土工膜积水鼓包说明地下水位较高，对场地基础层产生危害，需设置地下水收集导排系统。导排系统要能及时有效地收集导排地下水和下渗地表水，并具有防淤堵能力。

6. 工程实例图片（图 3.2-11）

图 3.2-11　盲沟开挖

3.2.4 通病名称：土工膜焊接处出现虚焊、漏焊和过焊

1. 通病现象

填埋场土工膜焊接缝合质量不高，造成连接部位拉裂破损，废液渗漏（图 3.2-12）。

2. 规范标准相关规定

《聚乙烯（PE）土工膜防渗工程技术规范》SL/T 231—98

图 3.2-12 土工膜漏焊

2.5.2 PE 土工膜的接缝设计应遵守下列原则：

1 使接缝数量最少，且平行于拉应力大的方向。

2 接缝避开弯角，设在平面处。

2.5.3 PE 土工膜间接缝宜采用焊接工艺联接。焊接搭接宽度宜为 10cm。

2.5.4 焊接接缝抗拉强度不应低于母材强度。

2.5.5 不具备焊接条件时，PE 土工膜也可采用搭接或粘接。但必须经论证并采取必要的施工措施。

3.4.1 PE 土工膜焊接后，应及时对下列部位的焊接质量进行检测：

1 全部焊缝。

2 焊缝结点。

3 破损修补部位。

4 漏焊和虚焊的补焊部位。

5 前次检验未合格再次补焊部位。

3.4.5 焊接质量应符合下列要求：

1 对双缝充气长度为 30cm ～ 60cm，双焊缝间充气压力达到 0.15MPa ～ 0.2MPa，保持 1min ～ 5min，压力无明显下降即为合格。

2 对单焊缝和 T 形结点及修补点应采取 50cm×50cm 方格进行真空检测。真空压力大于或等于 0.005MPa，保持 30s，肥皂液或洗涤灵不起泡即为合格。

3 采用火花试验检测，金属刷之间不发生火花即为合格。

4 采用超声波探测，以超声波发射仪荧光屏显示结果为判定标准。

3.4.6 现场检测应遵守下列规定：

1 检测完毕，应立即对检测时所做的充气打压穿孔全部用挤压焊接法补堵。

2 检测过程及结果应详细记录并标示在施工图上。

3 检测人员应在检测记录上签字并签署明确结论意见和建议。

4 对质检不合格处应及时标记并补焊。经再检合格后方可销号并记录在案。

5 质量保障小组应负责检测的监督及管理。

6　应随时保护已焊接合格的 PE 土工膜不受任何损坏。

7　对于虚焊、漏焊的接缝应及时补焊，并应对补焊部位进行真空检测。

8　质量检验应随施工进展进行，自检合格后应经甲方抽验或全验，验收合格后，方可进行下道工序。

3. 原因分析

（1）工人操作不熟练，操作规程不熟练。

（2）施工时，未把设备调整到最佳状态。

（3）未及时跟踪检查。

4. 预防措施

（1）设计措施

1）顺次铺设的 HDPE 土工膜应与已铺设的 HDPE 土工膜平行，随铺随焊，尽量当天铺的膜当天焊完。

2）HDPE 土工膜的大面积焊接采用双轨热熔焊机焊接，挤压焊接用在修复、覆盖或热熔焊机达不到的地方。焊缝示意如图 3.2-13、图 3.2-14 所示。

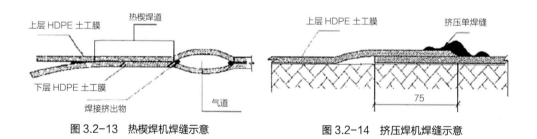

图 3.2-13　热楔焊机焊缝示意　　　　图 3.2-14　挤压焊机焊缝示意

3）相邻 HDPE 土工膜焊缝应尽量错缝搭接，横向焊缝间错位尺寸应不小于 500mm，膜块间形成的节点应为 T 字形，不得成十字形，纵横向焊缝交点处应用挤压焊机加强，可以顺缝 T 字形焊接，也可以采用母材补疤，补疤尺寸可为 300mm×300mm，疤的直角应修圆。

4）焊缝处 HDPE 土工膜应熔结为一个整体，不得出现虚焊、漏焊或过焊，连接的两层 HDPE 土工膜必须搭接平展、舒缓，HDPE 土工膜焊好后，焊缝应整齐美观，允许有不严重的凹凸不平。

5）用挤压焊枪焊接一条膜的接缝不能一次焊完时，第二次焊接开始前，搭接长度不小于 75mm，T 字形二次焊接时，焊接处的搭接长度不小于 100mm。

6）在 HDPE 土工膜搭接处，对于有皱褶的材质应去掉，当皱褶不大于 10cm 时，应把土工膜剪成超出切口周边 5cm 的圆形或椭圆形的补丁，然后再进行焊接，如果不放心土工膜搭接焊缝质量，可以用挤压式焊机进行第二遍焊接处理。

（2）施工措施

1）在焊接时，应再一次检查膜片的搭接宽度，并保证搭接范围内干净、无异物，或其他可能会影响焊接的任何东西。

2）把焊机调整到通过试验性焊接时的最佳参数，在设计要求的搭接宽度条件下自动焊接，焊缝应平整、牢固、美观。

3）修补。对在目测、正压中所发现的缺陷，应及时修补，不能立刻修补的，要做特殊标记，以防漏补；用来补洞或补裂缝的补丁材料应与 HDPE 防渗膜一致，补丁应在受损 HDPE 土工膜范围向外延伸至少 300mm；当空洞大于 5mm 时，应用 100mm 圆形或椭圆形的衬垫修补。

5. 治理措施

（1）严把焊接操作关。当焊接工人进行 HDPE 土工膜焊接时，作为工地的施工专业技术人员一定要按有关的操作规程要求进行监督把关。现场发现问题时，应及时勒令整改、返修，直到合格为止。另外，在进行边焊或竖焊时应确保土工膜长度自然延伸，不能横穿，尽量减少边角和零星点状的 HDPE 土工膜的焊接。

（2）每道工序完成后，坚持由班组自检，质检组复检，项目部会同业主、监理部门终检的"三联检"制度，经检查验收达到要求后方能进行下道工序，做到谁施工、谁负责。在自检、复检、终检的三联检过程中，如果发现不合格的施工部位，必须就地找出原因，采取相应措施，立即修补，直至合格。每项检验的结果必须由专职人员做好详细记录，作为竣工验收的有效依据。

图 3.2-15　土工膜焊接

6. 工程实例图片（图 3.2-15）

3.2.5　通病名称：土工膜、土工布、膨润土毯被刺穿或破损

1. 通病现象

库底及边坡挖方时，树根、杂枝、杂物未清理干净或施工不合理导致土工膜、土工布、膨润土毯损毁（图 3.2-16）。

2. 规范标准相关规定

（1）相关设计规范

《生活垃圾卫生填埋场防渗系统工程技术规范》CJJ 113—2007

3.3.1　基础层应平整、压实、无裂缝、

图 3.2-16　施工不规范压坏土工布

无松土，表面应无积水、石块、树根及尖锐杂物。

4.3.1　垃圾填埋场防渗系统工程中使用的土工布应符合下列要求：

1　应结合防渗系统工程的特点，并应适应垃圾填埋场的使用环境；

4.3.2　土工布各项性能指标应符合国家现行相关标准的要求。

4.4.1　垃圾填埋场防渗系统工程中钠基膨润土防水毯（GCL）的性能指标应符合国家现行相关标准的要求。并应符合下列规定：

1　垃圾填埋场防渗系统工程中的 GCL 应表面平整，厚度均匀，无破洞、破边现象。针刺类产品的针刺均匀密实，应无残留断针；

（2）相关施工规范

《生活垃圾卫生填埋场防渗系统工程技术规范》CJJ 113—2007

5.4.1　土工布应铺设平整，不得有石块、土块、水和过多的灰尘进入土工布。

5.4.6　土工布上如果有裂缝和孔洞，应使用相同规格材料进行修补，修补范围应大于破损周边 300mm。

5.5.3　GCL 的施工过程中应符合下列要求：

5　应随时检查外观有无破损、空洞等缺陷，发现缺陷时，应及时采取修补措施，修补范围宜大于破损范围 200mm。

5.5.4　GCL 施工完成后，应采取有效的保护措施，任何人员不得穿钉鞋等在 GCL 上踩踏，车辆不得直接在 GCL 上碾压。

3. 原因分析

（1）施工原因

1）地基土表面有泥块、积水、石块、树根、杂物和其他可损坏膨润土防水毯（GCL）或上层土工合成材料层的物质。

2）土工布连接方式一般为缝合，缝合质量不高造成连接部位拉裂，起不到保护层的作用。在碎石收集层摊铺时层厚较薄，如有重型机械设备行走则对下层土工布保护层造成刺破等破坏。

3）铺设完毕后受到车辆碾压和其他异物损坏。

（2）材料原因

1）GCL 膨润土防水毯中膨润土散漏、成品保护不到位。

2）膨润土防水毯自重较大，搬运需靠机械，搬运及摊铺过程中随意振动或冲机造成毯内膨润土不均匀或散落。

3）膨润土防水毯铺设完毕后没有及时铺设土工膜等保护措施，导致其受到风雨的侵蚀。

4. 预防措施

（1）设计措施

1）土工布的铺设方法：用人工滚铺，布面要整洁，并适当留有变形余量。长丝或短丝土工布的安装通常用搭接、缝合和焊接几种方法。缝合和焊接的宽度一般为 0.1m 以上，搭接宽度一般为 0.2m 以上。可能长期外露的土工布，则应焊接或缝合。

2）土工布的缝合：所有的缝合必须要连续进行（点缝是不允许的）。在重叠之前，土工布必须至少重叠 150mm。防渗土工布价格最小缝针距离织边（材料暴露的边缘）至少 25mm。缝好的土工布接缝最好包括 1 行有线锁口链形缝法。用于缝合的线应为最小张力超过 60N 的树脂材料，并有与土工布相当或超出的抗化学腐蚀和抗紫外线能力。任何在缝好的土工布上的"漏针"必须在受到影响的地方重新缝接。必须采取相应的措施避免在安装后，土壤、颗粒物质或外来物质进入土工布层。布的搭接根据地形及使用功能可分为自然搭接、缝接或焊接。

3）膨润土搭接：

① 膨润土防水毯的搭接方式是将两块膨润土毯的末端重叠搭接。要防止松软土或碎石进入搭接区。

② 除非有其他特别规定，膨润防水毯纵向搭接长度不能小于 150mm，横向搭接长度不能小于 600mm，搭接区域应均匀撒膨润土粉末，最小用量 0.4kg/m^2。

③ 搭接时要注意膨润土防水毯完全覆盖在地面上没有空隙，以防止地基土进入搭接区。

④ 使用膨润土加强防漏时，先将两块膨润土毯搭接好，再掀开上面一块，然后将膨润土连续均匀的撒在膨润土毯末端 150mm 宽的带形区域内。膨润土的最小用量为 0.4kg/m^2。

4）地基土表面必须平整、均匀并且坡度、标高在相关土方工作技术说明所规定的容许误差范围内。基面质量应符合设计要求，即基坑底面、坡面及其坡比、边坡上铺固槽、坡面与底面交接处处理，均应严格达到设计要求。基面应有利于膨润土防水毯（GCL）、HDPE 土工膜、土工布的铺设施工。基面应干燥、压实、平整、无开裂、无明显尖突、凹陷、垂直深度 25mm 内不应有树根、瓦砾、石子、钢筋头、玻璃屑。其平整度应在允许的范围内平缓变化，坡度均匀一致，并符合图纸的设计要求。基面上的阴阳角处应圆滑过渡，其半径不宜小于 0.5m。

（2）施工措施

1）膨润土毯、土工布及 HDPE 土工膜铺设之前，应请监理工程师对现场条件进行全面确认，保证填埋库区的基础表面平整，没有凹凸不平现象，无裂缝、无尖刺颗粒、硬杂物等存在，无可能破坏土工材料的各种异物，对棱角较大的岩石区域，土工膜铺设前应先将岩石区域处理平整，然后用水泥砂浆抹平。对防渗材料的质量（材料表面是否有气泡、孔洞、皱纹、破损等）进行严格检查，确认无误后方可进行铺设。

2）膨润土毯及土工布验收检验的取样应按连续生产同一牌号原料、同一配方、同一规格、同一工艺的产品，检验项目接膨润土毯及土工布性能内容执行，配套的颗粒膨润土粉应使用生产商推荐的并与膨润土毯中相同的钠基膨润土，并检查在运输过程中有无破损、断裂等现象，须验明产品标识。

3）铺设每卷材料应进行编号，并按顺序进行铺设。材料编号后，由监理工程师存档，以便检测。

4）现场施工的土工材料不得长时间暴露，并远离火源，膨润土防水毯的储存及配套的膨润土粉都必须用塑料布或防渗膜遮盖，铺设的膨润土防水毯不得无遮盖过夜，避免过早水化。

5）在铺设过程中，工作人员不得穿对膨润土防水毯、土工膜有损伤的鞋子，不得在铺设现场吸烟和进行其他能损坏膨润土防水毯、土工膜的活动。

6）铺设膨润土毯前应注意铺设的正反方向，铺设时应尽量减少膨润土毯在地基上的拖拉，以免膨润土毯受到损坏，如有需要，可以在地面上加放一层临时的土工织物，以减少摩擦。

7）不允许任何车辆直接在膨润土毯、HDPE土工膜及无纺土工布上行驶。

（3）材料措施

1）膨润土防水毯（GCL）卷在安装展开前要避免受到损坏。膨润土防水毯（GCL）卷应该堆放于经平整不积水的地方，堆高不超过四卷的高度，并能看到卷的识别牌。由不恰当的储存和操作而造成膨润土防水毯（GCL）的损坏，不允许使用于工程上。受到物理损坏的膨润土防水毯（GCL）卷必须要修复，受损坏严重的膨润土垫（GCL）不能使用。任何接触到泄漏化学溶剂的膨润土（GCL）材料，根据监理工程师的判断，不允许使用于本工程上。

2）土工布卷在安装展开前要避免受到损坏。土工布卷应该堆放于经平整不积水的地方，堆高不超过四卷的高度，并能看到卷的识别牌。膨润土防水毯（GCL）卷应该堆放于平整且不积水的地方，堆高不超过4卷的高度，并能看到卷的识别牌。

5. 治理措施

（1）填埋库区底先用平地机刮平、水准仪找平、人工配合清理平整，并夯实紧密，场地内杂草、石头、杂物及表层虚土应彻底清除。清理完的场底若见植物深根应人工拔除。

（2）土工布自检与修补。

①必须检查全部的土工布片和缝。有缺陷的土工布片和缝合必须在土工布上清楚标出，并作出修补。

②必须通过铺设和热连接土工布小片来修补磨损的土工布，土工布小片要比缺陷的边缘在各个方向最少长200mm。热连接必须严格控制以保证土工布补片和土工布紧密结合，并对土工布没有损害。

③每天铺设结束前，对当天所有铺设的土工布表面进行目测以确定所有损坏的地方都已作上标记并立即进行修补，确定铺设表面没有可能造成损坏的外来物质，如细针、小铁钉等。

④土工布损坏修补时应满足以下技术要求：

a. 用来补洞或补裂缝的补丁材料应和土工布一致。

b. 补丁应延伸到受损土工布范围外至少 30cm。

c. 在填埋场底部，若土工布裂口超过卷材宽度的 10%，须将损坏的部分切除，然后将两土工布连接；若在坡面上，裂口超过卷材宽度的 10%，须将该卷土工布移出，并用新的一卷替换。

（3）膨润土破损修补。

① 膨润土防水毯（GCL）外表面土工织物的破损，应采用土工织物补丁覆于破损处，每边超过 300mm，并用热风焊接。

② 协同监理工程师检查全部的膨润土防水毯（GCL）片和接缝。有缺陷的膨润土防水毯（GCL）片和接缝在膨润土防水毯（GCL）上清楚的标出，及时做出修补。

③ 如果在某地方的补片的数量太多，那么整个地方用整块补片或膨润土防水毯（GCL）幅片修补。

④ 如果膨润土毯在安装过程中损坏（撕裂、刺穿等），可以从一卷新的膨润土毯上切割一块"补丁"盖在破损的地方来进行修补。补丁的四边距离破损的地方长度不能小于 300mm，铺放"补丁"前应在破损周围撒一些颗粒状膨润土或膨润土浆。如有必要也可以使用一些粘合剂以防止"补丁"移位，或者在破损的地方下面垫一小块膨润土毯。

6. 工程实例图片（图 3.2-17）

图 3.2-17　场地平整

3.2.6　通病名称：地下水、渗沥液收集管淤堵

1. 通病现象

地下水、渗沥液导排不畅，导致地下水、渗滤液水位较高，影响垃圾堆体稳定性，渗滤液收集管淤堵时，甚至在地势较低的地段有渗沥液直接从垃圾堆体表面溢出（图 3.2-18）。

图 3.2-18　不合理材料造成淤堵

2. 规范标准相关规定

《生活垃圾卫生填埋场防渗系统工程技术规范》CJJ 113—2007

3.5.2　渗沥液收集导排系统设计应符合下列要求：

1　能及时有效地收集和导排汇集于垃圾填埋场场地和边坡防渗层以上的垃圾渗沥液；

2　具有防淤堵的能力；

3　不对防渗层造成破坏；

4　保证收集导排系统的可靠性。

3.5.3　渗沥液收集导排系统中所有材料应具有足够的强度，以承受垃圾、覆盖材料等荷载及操作设备的压力。

3.5.4　导流层应选用卵石或碎石等材料，材料的碳酸钙含量不应大于10%，铺设厚度不应小于300mm，渗透系数不应小于 1×10^{-3} m/s；在四周边坡上宜采用土工复合排水网等土工合成材料作为排水材料。

3.5.5　盲沟的设计应符合下列要求：

1　盲沟内的排水材料宜选用卵石或碎石等材料；

2　盲沟内宜铺设排水管材，宜采用 HDPE 穿孔管；

3　盲沟应由土工布包裹，土工布规格不得小于 $150g/m^2$。

3.5.6　渗沥液收集导排系统的上部宜铺设反滤材料，防止淤堵。

3.6.1　当地下水水位较高并对场底基础层的稳定性产生危害时，或者垃圾填埋场周边地下水下渗对四周边坡基础层产生危害时，必须设置地下水收集导排系统。

3.6.2　地下水收集导排系统的设计应符合下列要求：

1　能及时有效地收集导排地下水和下渗地表水；

2　具有防淤堵能力；

3　地下水收集导排系统顶部距防渗系统基础层底部不得小于 1000mm；

4　保证地下水收集导排系统的长期可靠性。

3.6.3　地下水收集导排系统宜选用以下几种形式：

1　地下盲沟：应确定合理的盲沟尺寸、间距和埋深。

2　碎石导流层：碎石层上、下宜铺设反滤层，以防止淤堵；碎石层厚度不应小于300mm。

3　土工复合排水网导流层：应根据地下水的渗流量，选择相应的土工复合排水网。用于地下水导排的土工复合排水网应具有相当的抗拉强度和抗压强度。

3. 原因分析

（1）施工原因

1）国内一些建成的填埋场将收集管道直接放在垃圾上，垃圾残渣易从管外堵塞收集孔。

2）因垃圾成分复杂，所能提供的承载力差异较大，也易造成收集管弯曲、错位甚至折断。

3）渗滤液中的悬浮颗粒极易堵塞管道收集孔而造成收集系统失效。

4）地下水、渗沥液收集管道施工时，管道上铺筑的碎石导流层由于厚度不够、荷载较集中而将收集管道压坏。

5）地下水、渗沥液碎石导流层施工时，碎石层原材石料中细集料或含泥砂太多，易造成收集管穿孔的堵塞。

6）三维复合排水网格外层土工布受破坏造成砂土进入网格堵塞，使排水网格排水功能及效果减弱。

（2）材料原因

1）渗滤液中的悬浮颗粒极易堵塞管道收集孔而造成收集系统失效。

2）垃圾填埋场使用时间过长。

4. 预防措施

（1）设计措施

1）地下水导排设计的主要方式如下：

① 地下盲沟导排方式，用土工布包裹碎石盲沟导排。

② 碎石层导排方式，碎石层下铺设反滤层，以防止淤堵，碎石层厚度不应小于300mm，碎石粒径应大于30mm。

③ 土工复合排水网导排方式，土工复合排水网用于地下水平面导排，应根据地下水的渗流量选择导水率相当的排水土工材料，用于地下水导排的土工复合排水网则要求具有相当的抗拉强度和抗压强度。

2）渗滤液导排设计的主要方式如下：

图 3.2-19 为梯形状的砾石盲沟断面示意图，干管直径 300mm，支管直径 200mm，由密集开孔的高密度聚乙烯（HDPE）管构成，开孔部位在管道下部，呈 120° 的夹角对称布置。垃圾底部的渗滤液可通过收集孔直接进入盲沟中的多孔管。管外壁包缠土工布，外铺粒径范围为 2 ~ 5mm 的细砾石层，可防止垃圾残渣淤塞收集孔。

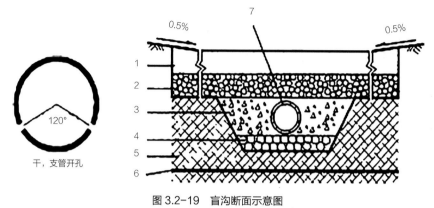

图 3.2-19　盲沟断面示意图

1—中砂；2—5 ~ 10mm 砾石；3—2 ~ 5mm 砾石；4—10 ~ 20mm 砾石；5—压实黏土；
6—防渗土工膜；7—干（支）管；8—立管

① 收集管具有防淤堵能力：盲沟采用三级滤料防淤塞措施，在受渗滤液冲击较大的盲沟顶部，采用中砂作为第一道过滤带，渗滤液经过时所含较大颗粒被截留；中砾石层构成第二道过滤带，兼有收集储存渗滤液的功能；最后渗滤液由细砾石构成的第三级过滤带经管壁开孔均匀进入收集管。开孔在收集管下部呈 120° 的夹角对称布置，既有利于收集渗滤液，又可防止残渣堵塞收集孔。

② 收集管可防弯曲和断裂：收集管上部及两侧的垃圾对收集管产生巨大的竖向和侧向压力，而收集管下部基础埋藏深浅不一，其不均匀沉降极易造成收集管弯曲或断裂。盲沟内的收集管四周铺设粗砾石层为收集管提供柔性铺垫，其缓冲作用和调整应力的能力极大缓解了收集管错位、断裂和弯曲的发生。

③ 收集管排放渗滤液能力强：盲沟采用上大下小的倒梯形断面，同时在盲沟上端向两侧延伸增加砂、砾石层的宽度，增大了砂、砾石层同垃圾的接触面，因而增强了渗滤液的收集能力。

（2）施工措施

1）在管材铺设施工时需要注意以下几点：第一，铺设的管材接口部位管内侧中心保持同一水平点上，避免渗滤液在接口部位出现积聚现象；第二，在管材运输过程中，需要采取保护措施，避免管材发生破损；第三，在铺设管材施工中，需要对端口进行有效地封堵，避免其他污染物进入管道，以保障导排系统的通畅。

2）在 HDPE 管材连接施工操作中，需要注意以下事项：第一，在管材连接施工前，需要采取措施对管道进行吹扫，以保障无其他物体堵塞管道；采用热熔焊接的方式，焊接 HDPE 管，且需要保持焊接部位干净、无其他杂物，可采用打磨、擦拭的方式清除焊接部位的氧化物，并保障焊接部位强度不低于母材强度；第二，在 HDPE 管材焊接施工时，需要根据管材的管径和管材壁厚确定适宜的焊接参数；第三，在管材焊接完成后，待回填土之前，需要检查焊接部位的温度，确保其温度与沟槽温度差在一定范围内时，方可进行回填土，同时，需要确保管材在管道内横平竖直，无局部凸起，保障渗滤液顺利在管内导排；第四，在管材焊接对接时，需要对管材施加一定的压力，确保焊接接口的焊接强度符合设计要求；第五，在 HDPE 管材焊接完成后，需要对管材进行外观和强度检查，确保焊接部位满足设计要求。

3）在铺设碎石施工前，需要对场地铺设的土工布进行检查，保障土工布下层无尖锐物体和危险物刺破土工布；施工人员应穿橡胶底鞋，不得穿带尖的鞋，避免对土工布造成破坏；在铺设碎石层时，需要人工铺设，不得采用机械铺设，且手推车轮胎需要进行必要的保护措施，防止碎石铺设过程中损伤土工布等防渗材料。

（3）材料措施

1）碎石材质需坚硬、强度高，碎石无风化、腐蚀等；碎石中的硫化物的基本含量需要保持在一定的范围内，其含量不宜大于 1%；有机质含量颜色需要低于标准颜色。

2）储存碎石时，需要分清类别，不同颗粒级配的碎石需要分开堆放，并避免泥沙掺入碎石中。在碎石临时存放场所，需要考虑场地的排水情况和场地的平整情况，并采取防雨措施；碎石堆积的高度需控制在 5m 以内；碎石需要分批进行检测，一般每 5000m³ 为一个检验批，随机抽取样本送有关部门进行质量检测，以确保碎石性能符合施工需求。

5. 治理措施

垃圾填埋场扩建工程是解决原工程填埋场日趋饱和以及重新选址存在较大困难之间矛盾的最佳方案。由于原工程渗沥液导排不畅，导致原工程渗沥液水位较高，局部地段从垃圾堆体表面直接溢出，不利于扩建工程垃圾堆体的稳定。扩建工程依现场实际情况，原工程渗沥液导排设计可采用重力导排方案、固结排水方案、原工程顶部排水层相结合的降水措施。

1）重力导排方案

对原工程垃圾坝及污水池实施改建、污水调蓄池实施新建等措施，将原工程渗沥液以重力流导排方式导排至新建污水调蓄池。在新建污水调蓄池周边新建检查及反冲洗管，作为原工程渗沥液导排枢纽。原工程、扩建工程渗沥液在各自独立的导排系统下汇集至各自导流层出口处，分别通过一根 600mm 的 HDPE 管将渗沥液导排进入各自的检查及反冲洗管，最终导排通道将原工程和扩建工程渗沥液均导排至新建污水调蓄池。渗沥液导排尽可能利用地势条件采用重力流方式，以节省能耗。

2）固结排水方案

固结排水方案是在原工程垃圾堆体顶部设置塑料排水板，以加快原工程垃圾堆体在扩建工程垃圾荷载作用下的固结排水效果，改善原工程垃圾堆体内的渗沥液导排途经。塑料排水板作为原工程渗沥液导排通道，将深入原工程渗沥液安全浸润线以下，同时，顶部接入一定厚度的碎石导排层（兼作原库区填埋气导排层与渗沥液横向排水层）。原工程垃圾堆体固结后所排出的渗沥液沿塑料排水板竖向排放至碎石导排层，通过原工程渗沥液收集系统，在下游最低处渗沥液由一根 600mm 收集管进入检查及反冲洗井，最后导排至新建污水调蓄池。固结排水方案与原工程垃圾土地基加固方案应相结合，排水板间距设计为 3m，采用梅花型布置；排水板进入原工程库区垃圾土的深度为 5m。固结排水方案在原工程停止填埋作业后实施，在扩建工程整个填埋运行期间均有效，随着扩建工程垃圾堆体的堆高，原工程垃圾土的固结度将不断提高，原工程渗沥液也将被有效导排至场外。

3）原工程垃圾堆体顶部排水层

顶部排水层是沿整个原工程垃圾堆体顶部铺设一定厚度的碎石排水层（兼作原工程填埋气导排层），将原工程渗沥液导排至新建污水调蓄池。此方案能排走汇集在原工程垃圾堆体顶部的渗沥液，减小原工程渗沥液对扩建工程防渗衬垫系统的浮托影响。

以上 3 种导排降水措施是相辅相成的，在扩建工程的不同运行时期发挥着不同的导排作用，可确保原工程垃圾堆体渗沥液降低至安全浸润线以下，为扩建工程实施竖向堆高提供必要保证。

6. 工程实例图片（图 3.2-20）

图 3.2-20　收集管铺设

3.2.7　通病名称：地下水、渗沥液收集管基础标高偏差

1. 通病现象

当管道基础铺设后发现基础高度不符合设计标高，特别是发生倒坡时，必须返工重做。

2. 规范标准相关规定

《生活垃圾卫生填埋场防渗系统工程技术规范》CJJ 113—2007

3.5.2　渗沥液收集导排系统设计应符合下列要求：

1　能及时有效地收集和导排汇集于垃圾填埋场场地和边坡防渗层以上的垃圾渗沥液；

2　具有防淤堵的能力；

3　不对防渗层造成破坏；

4　保证收集导排系统的可靠性。

3. 原因分析

（1）施工原因

1）水准点（B．M）、临时水准点（T．B．M）数据未及时随着国家水准网的调整而调整。

2）控制管道高程用的样板架（俗称龙门板）发生走动及样尺使用不当。

3）两个以上施工单位施工时，相邻施工段的双方使用的水准点数值未相互检测统一，各自使用自身临时水准点，使施工衔接处产生误差。

（2）材料原因

测量用的水准仪未检验校正及使用方法不当造成管道基础标高有误。

4. 预防措施

（1）设计措施

如设计图出图后，相隔数年再施工时，应向国家水准点设置部门查询所引用的水准点数值有否变动，如有变动应按调整后的数值测放临时水准点，并进行闭合复测。

（2）施工措施

1）测量人员应提高自身的业务水平，避免读尺或计算错误，严格测量放样复核制度。测放高程的样板，应坚持每天复测，样板架设置必须稳固，不准将样板钉在沟槽支撑的竖列板上。

2）两个以上施工单位在相邻施工段施工，事前应相互校对测量用的水准点，务必达到统一数值，避免双方衔接处发生高差。

（3）材料措施

水准仪应事前校验正确后再使用。

5. 治理措施

发生管道基础高程错误时，如误差在验收规范允许偏差范围内，则一般做微小的调整，超过允许偏差范围时，只能敲拆基础返工重做。

6. 工程实例图片（图 3.2-21）

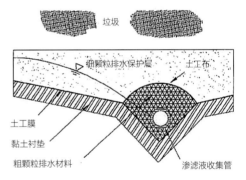

图 3.2-21 收集管标高正确

3.3 渗滤液处理工程

3.3.1 通病名称：水池混凝土开裂

1. 通病现象

池底地板开裂，形成渗漏水的通道（图 3.3-1）；混凝土池体在施工过程中经常出现蜂窝、麻面、狗洞等质量通病。

2. 规范标准相关规定

（1）相关设计规范

《混凝土结构设计规范（2015 年版）》

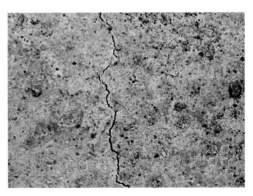

图 3.3-1 混凝土开裂

GB 50010—2010

4.1.1 混凝土强度等级应按立方体抗压强度标准值确定。立方体抗压强度标准系指按标准方法制作养护的边长为150mm的立方体试件，在规定龄期用标准试验方法测得的，具有95%保证率的抗压强度值。

4.1.2 素混凝土结构的强度等级不应低于C15；钢筋混凝土结构的混凝土强度等级不应低于C20；采用强度等级400MPa及以上的钢筋时，混凝土强度等级不应低于C25。

预应力混凝土结构的混凝土强度等级不宜低于C40，且不应低于C30。承受重复荷载的钢筋混凝土构件，混凝土强度等级不应低于C30。

（2）相关施工规范

《混凝土结构工程施工质量验收规范》GB 50204—2015

8.2.1 现浇结构的外观质量不应有严重缺陷。

对已经出现的严重缺陷，应由施工单位提出技术处理方案，并经监理单位认可后进行处理；对裂缝或连接部位的严重缺陷及其他影响结构安全的严重缺陷，技术处理方案尚应经设计单位认可。对经处理的部位应重新验收。

检查数量：全数检查。

检验方法：观察，检查处理记录。

3. 原因分析

（1）设计原因

钢筋直径过大、间距大、配筋率较低、钢筋的位置偏差、保护层过大或过小都可能导致混凝土开裂。如果水池超长，没有采取加强措施，则会导致温度裂缝；构筑物荷载不均、基础的承载力不足会导致不均匀沉降，进而产生裂缝。地下池没有考虑地下水的影响、池壁外的土压力计算不足、使用中荷载过大也会导致池壁开裂。

（2）施工原因

混凝土初凝之后，模板及支架出现变形，在浇筑混凝土时，没有正确地处理施工缝，尤其是变形缝和后浇带，导致接缝不密实，出现了裂缝；没有按照图纸施工，甚至偷工减料，池壁厚度、配筋间距不足，混凝土强度达不到设计要求，出现蜂窝、麻面、钢筋外露的质量问题没有及时修补，养护不到位等因素都会导致池壁开裂。

（3）材料原因

温差收缩、塑性收缩、膨胀、徐变等因素会引发裂缝。水泥在水化反应中散出大量热量，使混凝土升温，并与外部气温形成温差，产生温度应力，其大小与温差有关，并直接影响到混凝土的开裂及裂缝宽度。混凝土浇筑后，水化反应比较剧烈，出现泌水和水分急剧蒸发，引发混凝土收缩。水灰比过大、水泥用量大、外掺剂保水性差、粗骨料少、用水量大、振动不良、环境气温高、表面失水大都会导致塑性收缩，进而开裂。

4. 预防措施

（1）设计措施

在设计方面，需要考虑到各种可能出现的不利工况，超长、超高水池更是需要采取加强措施，基础的不均匀沉降也是需要注意的问题。确定施工方案后，准确落实技术交底，使得各个施工人员明确施工质量要求。严格按照图纸施工，在施工缝后浇带及伸缩缝处，在浇筑混前先湿润模板，使用与混凝土配合比相同的混凝土浆来接缝。采用分段搅拌法控制水灰比，有外加剂时需要延长搅拌时间。增强对浇筑方向以及混凝土浇筑速度的控制，加强振动，但要注意避免离析。

（2）施工措施

1）施工缝处理。施工缝处继续进行混凝土浇筑时，控制好两点：一是在施工缝浇筑第二道混凝土前，已浇筑的混凝土抗压强度必须不小于 2.5N/mm²，已硬化的混凝土表面应清除水泥薄膜和松动的石子，并用清水冲洗干净，再浇筑混凝土时，宜先铺一层同标号水泥砂浆，细致振捣，便于新旧混凝土结合；二是责成专人放置止水带，止水带要放置规矩，止水带要在支模前放置，不宜长时间放置，在支模前要把锯末、烟头、刨花等杂物清理干净。

2）混凝土交界面处理。在池壁混凝土浇筑过程中，一定要做好生产组织。上下两步混凝土浇筑间隔时间不宜过长，不能超过混凝土初凝时间。振动时，振动棒的插点位置要合理，振动棒一定要深入到前一步混凝土中充分振动，确保上下两步混凝土不出现界面。

3）预埋件、对拉螺栓的处理。对拉螺栓止水片一定要按照设计尺寸制作、加工、焊接，止水片与螺杆要满焊，焊渣要清理干净，对拉螺栓安装前注意应将铁件表面的油污、锈蚀清理干净。混凝土振动时，铁件、止水片周围一定要振动密实，防止出现蜂窝、空洞、麻面质量问题与缺陷。

4）抗渗混凝土的施工质量控制。对设计要求的抗渗混凝土强度等级，在施工前，先与商品混凝土搅拌站进行联系，并进行试配，石子、砂子、外加剂及其他材料使用要有材质证明，经复试合格后才能使用，从而确定最佳且合理的施工配合比，在配合比确定后，安排专人对施工缝认真进行清理，浇水湿润后铺与混凝土同标号的砂浆一层，然后再浇筑上层混凝土，混凝土要振捣密实，不得出现漏振、振捣不密实的情况发生，混凝土浇筑成型后，立即安排专人用棉毡、塑料薄膜、草袋进行覆盖严密。

（3）材料措施

严格控制混凝土的水灰比及单方水泥用量，大体积混凝土采用水化热低的水泥，并在混凝土中加入磨细粉煤灰。控制混凝土的坍落度、和易性。

5. 治理措施

（1）混凝土浇筑分层施工，每层高不超过 2m，振捣需到位，施工缝处的处理须规范。

（2）水池内壁增加无害防水层，提高防水性。

（3）骨料增大级配，在满足泵送的情况下，增大粗骨料粒径，膨胀剂采用说明书掺量，取其下限，坍落度控制在 120mm 左右，级配石子中加入 5 ~ 15mm 的碎石，加强养护，混凝土浇筑成型后，立即用棉毡、塑料薄膜、草袋进行覆盖严密。

（4）延长拆模时间，在混凝土初凝后强度达到设计强度的 40% 后及时进行蓄水试验。

6. 工程实例图片（图 3.3-2）

图 3.3-2　混凝土水池

3.3.2　通病名称：渗滤液池涂层起泡

1. 通病现象

保护表面与涂层间裹进空气，形成料内气泡（图 3.3-3）。

2. 规范标准相关规定

（1）相关设计规范

《工业建筑防腐蚀设计标准》GB/T 50046—2018。

4.1.1　在腐蚀环境下，结构设计应符合下列规定：

1　结构材料应根据材料对不同介质的适应性合理选择；

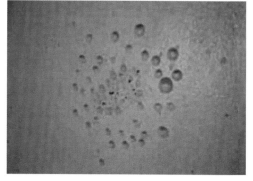

图 3.3-3　涂层起泡

2　结构类型、布置和构造的选择，应有利于提高结构自身的抗腐蚀能力，能有效避免腐蚀性介质在构件表面的积聚并能够及时排除，便于防护层的设置和维护；

3　结构构件的设计使用年限应按现行国家标准《建筑结构可靠性设计统一标准》GB 50068 的有关规定确定；

4　当某些次要构件与主体结构的设计使用年限不相同时，应设计成便于更换的构件。

（2）相关施工规范

《建筑防腐蚀工程施工规范》GB 50212—2014。

1.0.3　进入现场的建筑防腐蚀材料应有产品质量合格证、质量技术指标及检测方法和质量检验报告或技术鉴定文件。

1.0.4　需现场配制使用的材料应经试验确定。经试验确定的配合比不得任意改变。

3.2.2 基层应符合设计规定，防腐蚀工程施工前应对基层进行验收并办理交接手续。

3.2.3 混凝土基层应符合下列规定：

1 基层应密实，不得有裂纹、脱皮、麻面、起砂、空鼓等现象。强度应经过检测并应符合设计要求，不得有地下水渗漏、不均匀沉陷。

2 基层的表面平整度，应采用 2m 靠尺检查。当防腐蚀层厚度不小于 5mm 时，允许空隙不应大于 4mm；当防腐蚀层厚度小于 5mm 时，允许空隙不应大于 2mm。

3 基层坡度应符合设计要求。

4 浇筑混凝土时宜采用清水模板，当采用钢模板时选用的脱模剂不应污染基层。

5 基层的阴阳角宜做成斜面或圆角，当基层表面进行块材铺砌施工时，基层的阴阳角应做成直角。

6 经过养护的基层表面，不得有白色析出物。

7 经过养护的找平层表面不得出现裂纹、脱皮、麻面、起砂、空鼓等缺陷。

3. 原因分析

（1）施工原因

1）使用稀释料太多，施工黏度不当。

2）基体清理不干净，除锈未达到规范要求。

3）作业指导书经交底。施工人员应培训考试合格。

4）由于鳞片施工填料量大，十分黏稠，在大气中任何条件下翻动及堆放都会裹入大量空气形成气泡。

（2）材料原因

1）涂料、原材料不符合设计和规范要求，无涂料、原材料出厂合格证书。

2）涂料选用不当，与基体不相适应。

3）溶解于涂料内的气体随温度升高而释放。

4. 预防措施

（1）施工措施

1）彻底清除基体表面的油污、锈蚀等污物。

2）腻子、底漆、清漆、面漆应使用在不同部位。

3）酸性涂料不能直接与金属和混凝土基体接触。

4）贮料筒和工具不得混用，用后应清理干净。

5）底涂、刮涂鳞片和面涂要相互结合，消除层与层之间材料的不粘结通病。

6）防腐施工前应进行试涂，合格后，才能正式施工。

7）对鳞片衬里，FRP 防腐的重要施工部位作专门的交底，并对特殊作业点工序行培训指导，重点做好施工中的质量通病预防。结构拐角，端面处的过渡要平滑，漆膜要保证设计要求的厚度和层数等。

8）涂抹界面及端面处理：防腐施工界面黏结强度历来为防腐的重点，施工界面处理的好坏，将直接影响施工质量及防腐寿命，在施工过程中，施工界面必须保持清洁，无杂物，料滴及明显的流淌痕迹应打磨掉。端面处理必须采用搭接，不允许对接，因为端面形状自由性较大，对接不能保证相互间有效贴合，为保证防腐层及设备的使用寿命，应增加二层玻璃钢。

9）底涂、刮涂鳞片和面涂的工艺要求应严格按照作业指导书和规程进行。

10）涂抹完鳞片以后要进行滚压消泡。

11）喷射除锈时施工现场湿度大于80%，或钢材表面湿度低于空气露点3℃时，应禁止施工。

（2）材料措施

1）材料和配合比应按规范要求选用和配制。

2）防腐材料必须和防腐设备要求一致，其外层固化完整，其接缝处应压紧压实。

3）喷砂除锈的要求为 Sa2.5 级，因此用砂一定要用具有一定的硬度、冲击韧性且必须是经过净化的砂，使用前应经筛选，不得含有油污，含水量不应大于 1%。压缩空气应干燥洁净，不得含有水份和油污，因此必须使用空气过滤器，空气过滤器的填料应定期更换。空气缓冲缸内积液应及时排放。

5. 治理措施

气泡消除：使用专门制作的除泡滚，滚子外包裹一层2～3mm厚的羊毛毡，在滚压过程中，滚子表面的羊毛刺受压力作用不断扎入鳞片表层内，形成一个个导孔，同时气泡内空气在滚动压力作用下从导孔溢出，使气泡消除。

6. 工程实例图片（图3.3-4）

图 3.3-4　涂层施工

3.3.3　通病名称：罗茨风机等设备基础缺陷

1. 通病现象

罗茨风机设备基础有如下缺陷：基础标高过高或过低；基础中心线偏移；基础预留孔偏差过大，深度不足，模板清理不净；平整度、预埋件位置不准确。

2. 规范标准相关规定

《机械设备安装工程施工及验收通用规范》GB 50231—2009

2.0.3　机械设备安装前，其基础、地坪和相关建筑结构，应符合下列要求：

1　机械设备基础的质量应符合现行国家标准《混凝土结构工程施工质量验收规范》GB 50204 的有关规定，并应有验收资料和记录；机械设备基础的位置和尺寸应按表 2.0.3 的规定进行复检；

机械设备基础的位置和尺寸的允许偏差   表2.0.3

项目		允许偏差（mm）
坐标位置		20
不同平面的标高		0，−20
平面外形尺寸		±20
凸台上平面外形尺寸		0，−20
凹穴尺寸		+20，0
平面的水平度	每米	5
	全长	10
垂直度	每米	5
	全高	10
预埋地脚螺栓	标高	+20，0
	中心距	±2
预埋地脚螺栓孔	中心线位置	10
	深度	+20，0
	孔壁垂直度	10
预埋活动地脚螺栓锚板	标高	+20，0
	中心线位置	5
	带槽锚板的水平度	5
	带螺纹孔锚板的水平度	2

注：1 检查坐标、中心线位置时，应沿纵、横两个方向测量，并取其中的最大值；
　　2 预埋地脚螺栓的标高，应在其顶部测量；
　　3 预埋地脚螺栓的中心距，应在根部和顶部测量。

2 基础或地坪有防震隔离要求时，应按工程设计要求施工完毕；

3 基础有预压和沉降观测要求时，应经预压合格，并应有预压和沉降观测的记录；

4 安装工程施工中拟利用建筑结构作为起吊、搬运设备的承力点时，应对建筑结构的承载能力进行核算，并应经设计单位或建设单位同意方可利用。

3.0.1 机械设备就位前，应按施工图和相关建筑物的轴线、边缘线、标高线，划定安装的基准线。

3.0.2 相互有连接、衔接或排列关系的机械设备，应划定共同的安装基准线，并应按设备的具体要求埋设中心标板或基准点。中心标板或基准点的埋设应正确和牢固，其材料宜选用铜材或不锈钢材。

3.0.3 平面位置安装基准线与基础实际轴线或与厂房墙、柱的实际轴线、边缘线的距离，其允许偏差为 ±20mm。

3. 原因分析

（1）施工不规范，不严格按照设计施工。

（2）设计图纸尺寸与设备外开尺寸不相吻合。

（3）基准坐标出现偏差。

4. 预防措施

（1）基础施工前要仔细核对设计图纸尺寸与设备外开尺寸是否相吻合，发现问题及时解决，要严格按照设计标高尺寸施工，误差不超过规定的标准。基础进行加高时，必须制定施工方案，经批准后，严格按施工方案施工，保证基础的整体性。

（2）在基础放线时，严格按施工平面图施工，对基准坐标要反复核查，发现误差及时纠正，对基础中心线偏移较小的，在不影响基础质量的前提下，可采取适当扩大预留孔的方法解决。

（3）施工时要仔细核实尺寸。在基础灌浆时，对木盒要采取措施防止移动，抽出木盒时，要在基础混凝土终凝固前进行，以保证清理木盒彻底和二次灌浆的质量。

（4）设备安装单位在接收基础前，要对基础的一些重要尺寸进行复核，和基础施工单位办理交接手续。

3.3.4　通病名称：罗茨风机等设备地脚螺栓安装缺陷

1. 通病现象

罗茨风机设备地脚螺栓有如下安装缺陷：地脚螺栓螺纹外露长度不一致；地脚螺栓螺纹受损或污染；地脚螺栓松动（图 3.3-5）；地脚螺栓倾斜。

2. 规范标准相关规定

《机械设备安装工程施工及验收通用规范》GB 50231—2009

4.1.1　安装预留孔中的地脚螺栓，应符合下列要求：

图 3.3-5　地脚螺栓松动

1　地脚螺栓在安放前，应将预留孔中的杂物清理干净；

2　地脚螺栓在预留孔中应垂直；

3　地脚螺栓任一部分与孔壁的间距不宜小于 15mm；地脚螺栓底端不应碰孔底；

4　地脚螺栓上的油污和氧化皮等应清除干净，螺纹部分应涂上油脂；

5　螺母与垫圈、垫圈与设备底座间的接触均应紧密；

6　拧紧螺母后、螺栓应露出螺母，其露出的长度宜为 2～3 个螺距；

7　应在预留孔中的混凝土达到设计强度的 75% 以上后拧紧地脚螺栓，各螺栓的拧紧力应均匀。

3．原因分析

（1）施工原因

1）施工人员施工不当。

2）风机长时间运行使得地脚螺栓出现松动，继而导致其他螺栓的松动，甚至断裂，从而损坏设备。

（2）材料原因

地脚螺栓不符合要求。

4．预防措施

施工措施

（1）安装前检查地脚螺栓是否符合要求，如有问题及时解决。地脚螺栓在预留地脚螺栓孔内的放置高度要符合要求。对于地脚螺栓外露螺纹过长的部分，可锯掉。如过短时，偏差较小时，可将螺栓氧乙炔火焰烤红后，稍微拉长，拉长部分要用钢板沿螺杆周围加固；如偏差过大，可将地脚螺栓周围的混凝土挖到一定的深度，将地脚螺栓割断，另外焊上一个新加工的螺栓，并用钢板、圆钢加固，长度应为螺栓长度的 4 ~ 5 倍。

（2）加强安装与土建施工的配合，合理安排施工工序，设备就位二次灌浆时，将设备地脚螺栓螺纹段抹上黄油后用塑料布保护，避免损坏螺纹或沾上污渍。

（3）拧紧地脚螺栓时应认真操作。当采用力矩扳手时，应按地脚螺栓的直径大小加相应的扭力矩。

（4）给地脚螺栓增加防松动的装置。

（5）经常检查地脚螺栓，发现松动现象立即加固。

（6）保证设备底脚面与基础面的良好接触，让地脚螺栓受力均匀。

3.3.5 通病名称：风机等设备垫铁（减震垫）安装缺陷

1．通病现象

罗茨风机设备垫铁（减震垫）安装有如下缺陷：垫铁安放位置不当（图 3.3-6）；垫铁安放块数过多而超高，并且垫铁没有点焊成整体；垫铁露出设备底座长短不一；垫铁选用不当；减震垫局部变形；减震垫（器）数量不够。

图 3.3-6 垫铁安装位置不当

2. 规范标准相关规定

《机械设备安装工程施工及验收通用规范》GB 50231—2009

4.2.1　找正调平机械设备用的垫铁，应符合随机技术文件的规定；无规定时，宜按本规范附录 A 的规定制作和使用。

4.2.2　当机械设备的载荷由垫铁组承受时，垫铁组的安放应符合下列要求：

1　每个地脚螺栓的旁边应至少有一组垫铁；

2　垫铁组在能放稳和不影响灌浆的条件下，应放在靠近地脚螺栓和底座主要受力部位下方；

3　相邻两垫铁组间的距离，宜为 500mm ~ 1000mm；

4　设备底座有接缝处的两侧，应各安放一组垫铁；

5　每一垫铁组的面积，应符合下式的要求：

$$A \geq C \frac{100（Q_1+Q_2）}{nR} \qquad (4.2.2-1)$$

式中　A——垫铁面积（mm^2）；

　　　Q_1——设备等加在垫铁组上的载荷（N）；

　　　Q_2——脚螺栓拧紧时在垫铁组上产生的载荷（N）；

　　　R——基础或地坪混凝土抗压强度（MPa），可取混凝土设计强度；

　　　n——垫铁组组数；

　　　C——安全系数，宜取 1.5 ~ 3。

6　地脚螺栓拧紧时，在垫铁组上产生的载荷可按下式计算：

$$Q_2=0.785d^2[\sigma]n_1 \qquad (4.2.2-2)$$

式中　d——地脚螺栓直径（mm）；

　　　n_1——地脚螺栓数量；

　　　$[\sigma]$——地脚螺栓材料的许用应力（MPa）。

4.2.3　垫铁组的使用，应符合下列要求：

1　承受载荷的垫铁组，应使用成对斜垫铁；

2　承受重负荷或有连续振动的设备，宜使用平垫铁；

3　每一垫铁组的块数不宜超过 5 块；

4　放置平垫铁时，厚的宜放在下面，薄的宜放在中间；

5　垫铁的厚度不宜小于 2mm；

6　除铸铁垫铁外，各垫铁相互间应用定位焊焊牢。

4.2.4　每一垫铁组应放置整齐平稳，并接触良好。机械设备调平后，每组垫铁均应压紧，并应用手锤逐组轻击昕音检查。对高速运转机械设备的垫铁组，当采用 0.05mm 塞尺检查垫铁之间和垫铁与设备底座面之间的间隙时，在垫铁同一断面两侧塞入的长度之和不应大于垫铁长度或宽度的 1/3。

4.2.5 机械设备调平后，垫铁端面应露出设备底面外缘；平垫铁宜露出 10mm ～ 30mm；斜垫铁宜露出 10mm ～ 50mm。垫铁组伸入设备底座底面的长度应超过设备地脚螺栓的中心。

4.2.6 安装在金属结构上的设备调平后，其垫铁均应与金属结构用定位焊焊牢。

4.2.7 机械设备用螺栓调整垫铁调平时，应符合下列要求：

1 螺纹部分和调整块滑动面上应涂以耐水性较好的润滑脂；

2 调平应采用升高升降块的方法，当需要降低升降块时，应在降低后重新再做升高调整；调平后，调整块应留有调整的余量；

3 垫铁垫座应用混凝土灌牢，但混凝土不得灌入其活动部分。

4.2.8 机械设备采用调整螺钉调平时，应符合下列要求：

1 不作永久性支承的调整螺钉在设备调平后，设备底座下应用垫铁垫实，再将调整螺钉松开；

2 调整螺钉支承板的厚度宜大于调整螺钉的直径；

3 调整螺钉的支承板应水平、稳固地放置在基础面上，其上表面水平度偏差不应大于 1/1000；

4 作永久性支承的调整螺钉伸出机械设备底座底面的长度，应小于调整螺钉直径。

4.2.12 机械设备采用减震垫铁调平时，应符合下列要求：

1 基础或地坪应符合随机技术文件规定；基础或地坪的高低差，不得大于减震垫铁调整量的 30% ～ 50%；放置减震垫铁的部位应平整；

2 减震垫铁可按机械设备要求采用无地脚螺栓或胀锚地脚螺栓固定；

3 机械设备调平时，各减震垫铁的受力应均匀，在其调整范围内应留有余量，调平后应将螺母锁紧；

4 采用橡胶垫型减震垫铁时，机械设备调平并经过 7 ～ 14d 后，应再次调平。

3. 原因分析

（1）施工原因

1）施工人员未严格按规定施工。

2）风机、水泵底脚与减震垫接触面积较小导致减震垫局部变形。

（2）材料原因

垫铁、减震垫型号选用不当。

4. 预防措施

（1）设备承垫的垫铁，应按规范放置。

（2）设备垫铁的块数应根据施工规范的要求进行摆放，垫铁一般不应超过 5 块。放置平垫铁，最厚的放在下面，最薄的放在中间，斜垫铁要成对使用。垫铁安放平稳且接触良好，设备找正找平后，要用电焊点牢，防止滑移。

（3）安放垫铁时，应按规范规定露出设备底座，一般平垫铁露出设备底座 10～30mm，斜垫铁露出 10～50mm。

（4）型钢机座与橡胶减震垫之间应用螺栓（加设弹簧垫圈）固定。在地面或楼面中设置地脚螺栓，橡胶减震器通过地脚螺栓后固定在地面或楼面上。

（5）橡胶减震垫的边线超过型钢机座的支承面积时，应在其间增设一块厚度不小于 2mm 的钢板置于减震垫上方，加大减震元件顶部的支承面积。减震垫与钢板应用粘合剂粘接。钢板的平面尺寸应比减震垫每个端部大 10mm。钢板上、下层粘接的减震垫应交错设置。

（6）橡胶减震垫单层布置，频率比不能满足要求时，可采取多层串联布置，但减震垫层数不宜多于 5 层。

（7）串联设置的各层橡胶减震垫，其型号、块数、面积及橡胶硬度均应完全一致。

（8）减震垫位置按产品说明要求布置，受力均匀，设备单机试运转前进行复核。

3.4　生活垃圾焚烧处理工程

3.4.1　通病名称：锅炉汽包与集箱相对位置偏移

1. 通病现象

汽包和集箱相对位置偏移。

2. 规范标准相关规定

《锅炉安装工程施工及验收规范》GB 50273—2009

4.1.1　吊装前，应对锅筒、集箱进行检查，且应符合下列要求：

2　锅筒、集箱两端水平和垂直中心线的标记位置应正确，当需要调整时应根据其管孔中心线重新标定或调整。

3. 原因分析

汽包和集箱放线时，没有找准纵、横坐标和基准标高；使用的测量仪器误差过大；两者的位置找好后未固定，出现位移误差。

4. 防治措施

汽包和集箱放线时，先找好纵横中心和标高基准位置；对使用的仪器和工具要经计量合格，测量时要认真反复核实；当汽包、集箱找正完成并验收合格后，要在钢架上固定牢靠，再进行下道工序。

5. 治理措施

对中心线找正错误的要重新进行划线找正；对基准标高错误的要重新调整，最好所有的受热面集箱和汽包使用同一基准标高；测量所使用的仪器要校验合格并在有效期内；因固定不牢出现误差的要重新调整、找正，验收合格后加以固定。

6. 工程实例图片（图 3.4-1）

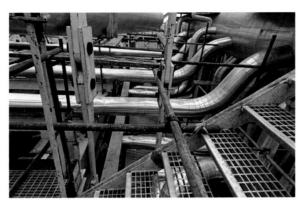

图 3.4-1　锅炉汽包与集箱位置符合规范

3.4.2　通病名称：锅炉各受热面之间的间隙不符合设计规定

1. 通病现象

各受热机设备之间的间隙过小，超出了误差范围，影响膨胀，危及机组安全运行。

2. 规范标准相关规定

《锅炉安装工程施工及验收规范》GB 50273—2009

4.2.1　安装前，应对受热面管子进行检查，且应符合下列要求：

3　对流管束应作外形检查和矫正，校管平台应平整牢固，放样尺寸误差不应大于 1mm，矫正后的管子与放样实线应吻合，局部偏差不应大于 2mm，并应进行试装检查。

4　受热面管子的排列应整齐，局部管段与设计安装位置偏差不宜大于 5mm。

3. 原因分析

（1）设备安装时定位尺寸误差过大。

（2）设备组件的几何尺寸超出正误差过多。

（3）施工顺序混乱，施工人员粗心、马虎，不重视施工质量。

4. 防治措施

（1）设备安装严格按照基准线进行定位，且要保证误差在要求范围之内；设备在组合、安装拼接时，仔细、认真地校核其几何尺寸，保证设计尺寸。

（2）在设备组合、安装前要加强对设备的检查力度，对尺寸不符合规范要求的，要加以消除或更换，然后才能安装。

（3）施工前编制合理的施工措施，制定适宜的安装工序和顺序；加强对施工人员的质量教育，增强他们的质量意识，指导他们严格按照措施施工。

5. 治理措施

设备组件尺寸超标造成的间隙过小，对能整体提升高度的，在征得厂家的同意后可进行整体提升，对不能提升的，可割除部分管段后提升部分组件高度再焊接；因定位尺寸偏差造成的间隙过小（一端或两端），需割除固定件或密封件后重新定位、找正、焊接。

6. 工程实例图片（图3.4-2）

3.4.3　通病名称：锅炉水位计安装不符合要求

1. 通病现象

汽包两端的水位计不在同一水平线上。

2. 规范标准相关规定

《锅炉安装工程施工及验收规范》GB 50273—2009

6.2.6　液位检测仪表的安装，应符合下列要求：

1　玻璃管、板式水位表的标高与锅筒正常水位线允许偏差为 ±2mm；在水位表上应标明"最高水位"、"最低水位"和"正常水位"标记。

2　内浮筒液位计和浮球液位计的导向管或其他导向装置必须垂直安装，并应使导向管内的液体流动通畅，法兰短管连接应保证浮球能在全程范围内自由活动。

3　电接点水位表应垂直安装，其设计零点应与锅筒正常水位相重合。

4　锅筒水位平衡容器安装前，应核查制造尺寸和内部管道的严密性。安装时应垂直，正、负压管应水平引出，并使平衡器的设计零位与正常水位线相重合。

3. 原因分析

汽包本体水平度误差过大；汽包水位计接出管位置误差过大。

4. 防治措施

对汽包找正时要保持其水平度误差不超过2mm；水位安装前要复核汽包两端水位计引出管的标高误差，在安装时加以消除。

5. 治理措施

对于在同一水平上的汽包水位进行调整，使其保持一致。

6. 工程实例图片（图3.4-3）

图 3.4-2　锅炉各受热面之间的间隙符合设计规定

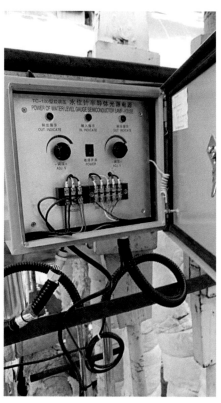

图 3.4-3　锅炉水位计安装符合要求

3.4.4　通病名称：锅炉管道接口渗漏

1．通病现象

管道投入使用后，管道连接（活结、法兰等）处出现漏水、漏气、漏油等现象。

2．规范标准相关规定

《锅炉安装工程施工及验收规范》GB 50273—2009

4.1.6　锅筒内部装置的安装，应在水压试验合格后进行，其安装应符合下列要求：

1　锅炉内零部件的安装，应符合产品图样要求；

2　蒸汽、给水连接隔板的连接应严密不漏，焊缝应无漏焊和裂纹；

3　法兰接合面应严密；

4　连接件的连接应牢固，且应有防松装置。

3．原因分析

（1）活结连接处没有用生料带、麻丝等物缠绕或管道连接时的松紧度不合适。

（2）管子和法兰焊接时工序不对，造成法兰盘变形，无法拧紧。

（3）垫片质量不合格或垫片的放置不合理。

（4）法兰螺栓安装不合理或紧固不严密。

（5）管道未进行水压试验，管道中的砂眼、裂纹使用前均未发现。

（6）螺纹加工不符合规定，有断丝现象。

4．防治措施

（1）活结安装时应在丝口处缠上生料带、麻丝等物，方向应符合螺纹的旋转方向，用麻丝填料时应用白厚漆打底，防止因丝口间的配合不好、断丝等缺陷导致渗漏；在拧紧管件时要松紧适中，太紧易把接口紧裂产生渗漏，太松易从连接处渗漏。

（2）管子在拧紧时，要考虑配件的位置和方向，不允许因拧过头而用倒扣的方法进行找正。

（3）在安装焊接法兰时，应在地面把法兰盘对好拧紧再与短管焊接，焊接好后再整体与管道对接，从而避免了因法兰盘不垂直等原因导致的渗漏。

（4）法兰间的垫片材质和厚度应符合设计和规范的要求；垫片表面不得有沟纹、断裂等缺陷，法兰的密封面清理要干净，安装时垫片不能加两层，位置不得倾斜。

（5）拧紧螺栓时要对称进行，每个螺栓紧固要分 2～3 次，在高温管道上的螺栓要涂铅粉。

（6）管道安装完毕后，要按规定要求进行水压试验，检查管道及其附件的严密性和强度是否合格。

（7）螺纹加工时，应严格按标准进行，要求螺纹有一定的锥度且丝口平整光滑、无毛刺、断丝、乱丝现象。

5．治理措施

（1）对活结连接方式的要从接头处拆下，如零件有问题则需更换零件，如缠绕物、填料有问题，需重新更换缠绕物或填料。

（2）对于法兰渗漏，应根据渗漏的位置不同，采取相应的措施，如法兰盘倾斜的，需重新焊接；无法保证螺栓坚固的，需重新更换合格的垫片。

（3）因管道上存在砂眼、裂纹等渗漏时，应根据实际情况进行更换管道或补焊。

6. 工程实例图片（图3.4-4）

图3.4-4　锅炉管道接口无渗漏

3.4.5　通病名称：锅炉管道支架安装不符合规范要求（图3.4-5）

1. 通病现象

（1）投入使用后管道弯曲塌腰。

（2）管道标高和疏水坡度误差太大。

（3）投入使用后的管道支架松脱、滑动支架滑动面清理不干净，影响膨胀。

（4）U形卡固定孔用火焊切割，滑动支架滑动面清理不干净，影响膨胀。

2. 规范标准相关规定

《锅炉安装工程施工及验收规范》GB 50273—2009

3.0.2　安装钢架时，宜先根据柱子上托架和柱头标高在柱子上确定并划出1m标高线；找正柱子时，应根据锅炉房运转层上的

图3.4-5　锅炉管道支架安装不符合规范

标高基准线，测定各柱子上的1m标高线。柱子上的1m标高线应作为安装锅炉各部组件、元件和检测时的基准标高。

4.1.4　安装前，应对锅筒、集箱的支座和吊挂装置进行检查，且应符合下列要求：

1　接触部位圆弧应吻合，局部间隙不宜大于2mm。

2　支座与梁接触应良好，不得有晃动现象。

3　吊挂装置应牢固，弹簧吊挂装置应整定，并应临时固定。

3. 原因分析

（1）两个支吊架的间距没有按照图纸或设计规范进行安装；自行设计走向的管道因生根点安装困难而未设支吊架。

（2）管道支架安装前，没有严格根据管道的标高和坡度决定支吊架的高标。

（3）管道支吊架安装不牢，固定方法不对。

（4）加工的支吊架管件工艺粗糙。

4. 防治措施

（1）根据图纸或有关规范的要求，确定管道支吊架的位置，特别是自行布置的管道，不能随意改变吊点的位置，加大支吊架的间距。

（2）管道安装之前，应根据管道的标高和疏水坡度计算支吊架的标高，并在现场做好标记。安装支吊架时，按照做好的标记进行施工。

（3）支吊架应牢固的固定在钢架或其他不移动的结构物上，支架的上表面应与管子中心线平行，不允许有下翘或扭斜，吊杆的垂直度必须在水平向互成 90°的两个方向找正；活动支架不能影响管道热膨胀所引起的移动，并要预留出偏移的位置。吊架吊杆应与管子中心线垂直，有热位移的管道要按偏移量进行预偏装，且周围的物体（如保温、设备、管道等）也不能影响其膨胀移动。

（4）管道的 U 形卡支架上的孔眼应采用机械加工工艺，不得用火焊切割，支吊架元件最好也能在加工厂进行加工制造。

（5）如在吊架中间调整螺栓，应尽量处于同一标高和同一方向，以利于工艺美观、检修方便，调整合格后及时将备帽并紧。

（6）固定支架的底座，应在水平、垂直面找正后再加垫铁，垫实后点焊。在支架底座上面点焊数量一般不少于 4 点，以消除焊接应力。

（7）滑动支架的滑动面和管道支托的接触面应平整，相互接触面应在 75% 以上。

（8）弹簧变形应逐个进行检查，保证同一管线支架的变形误差在 5% 以内，固定压缩弹簧用的钢筋，管道系统完成后，必须切除干净；在整个管线调整合格后，才能拔掉弹簧销。

5. 治理措施

对支吊架间距过大或标高不准确的，要重新进行调整、安装；对支架松动或安装不符合规定的，应重新安装或加固。

6. 工程实例图片（图 3.4-6）

图 3.4-6　锅炉管道支架安装符合规范

3.4.6　通病名称：锅炉阀门安装不合理或不符合规定

1. 通病现象

阀门安装不合理或不方便操作和检修，甚至不起作用（图 3.4-7）。

2. 规范标准相关规定

《锅炉安装工程施工及验收规范》GB 50273—2009

6.3.1　阀门应逐个在工作压力的 1.25 倍下进行严密性试验。且阀瓣与阀座密封面不应漏水。

6.3.2　蒸汽锅炉安全阀的安装和试验应符合下列要求：

1　安全阀应逐个进行严密性试验。

2　蒸汽锅炉安全阀的整定压力应符合表 6.3.2 的规定。锅炉上必须有一个安全阀按表 6.3.2 中较低的整定压力进行调整。对有过热器的锅炉，按较低压力进行整定的安全阀必须是过热器上的安全阀。

图 3.4-7　阀门安装不合理

蒸汽锅炉安全阀的整定压力（MPa）　　　　　　　　　　表 6.3.2

额定工作压力	安全阀的整定压力
≤ 0.8	工作压力加 0.03
	工作压力加 0.05
>0.8 ～ 3.82	工作压力的 1.04 倍
	工作压力的 1.06 倍

注：1　省煤器安全阀整定压力应为装设地点工作压力的 1.1 倍；
　　2　表中的工作压力，对于脉冲式安全阀系指冲量接出地点的工作压力，其他类型的安全阀系指安全阀装设地点的工作压力。

3　蒸汽锅炉安全阀应铅锤安装，其排汽管管径应与安全阀排出口径一致，其管路应畅通，并直通至安全地点；排汽管底部应装有疏水管；省煤器的安全阀应装排水管。在排水管、排汽管和疏水管上，不得装设阀门。

4　省煤器安全阀整定压力调整，应在蒸汽严密性试验前用水压的方法进行。

5　应检验安全阀整定压力和回座压力。

6　在整定压力下，安全阀应无泄漏和冲击现象。

7　蒸汽锅炉安全阀经调整检验合格后，应加锁或铅封。

3. 原因分析

缺乏安装常识或对规范掌握不够，有时由于操作不当或设备保护等问题造成不能使用。

4. 防治措施

（1）安装前，必须对闭路元件的阀门进行严密性试验，检查阀座与阀芯、阀盖与填料室各结合面的严密性；对低压阀门应按不少于 10% 的比例抽查进行严密性试验。

（2）阀门安装时应按阀体上标明的方向进行安装，如阀体上没有标明流向，一般按以下原则进行确定。

1）截止阀和止回阀：介质应由阀瓣下方向上流动。

2）单座式节流阀：介质应由阀瓣下方向上流动。

3）双座式节流阀：以关闭状态下能看见阀芯一侧为介质入口侧。

（3）阀门的安装位置以方便操作、便于检修为原则，同时要考虑到安装排列外形的美观。

（4）安装后的阀门要及时进行保护（特别是电动门），防止在施工过程中发生设备损坏和二次污染。

5. 治理措施

对安装不合理或不方便检修和操作的阀门，重新安装在合适的位置。

6. 工程实例图片（图 3.4-8）

图 3.4-8　锅炉阀门安装符合规范

3.4.7　通病名称：锅炉阀门泄露

1. 通病现象

阀门安装完成后，阀门填料处由于密封不好造成泄露或投入试运后，阀门关闭不严，有时阀体泄露或投入试运后，阀门关闭不严，有时阀体泄露，影响使用。

2. 规范标准相关规定

《锅炉安装工程施工及验收规范》GB 50273—2009

6.3.1　阀门应逐个在工作压力的 1.25 倍下进行严密性试验。且阀瓣与阀座密封面不应漏水。

6.3.2　蒸汽锅炉安全阀的安装和试验应符合下列要求：

1　安全阀应逐个进行严密性试验。

2　蒸汽锅炉安全阀的整定压力应符合表 6.3.2 的规定。锅炉上必须有一个安全阀按表 6.3.2 中较低的整定压力进行调整。对有过热器的锅炉，按较低压力进行整定的安全阀必须是过热器上的安全阀。

蒸汽锅炉安全阀的整定压力（MPa）　　　　　　表6.3.2

额定工作压力	安全阀的整定压力
≤ 0.8	工作压力加 0.03
	工作压力加 0.05
>0.8 ~ 3.82	工作压力的 1.04 倍
	工作压力的 1.06 倍

注：1　省煤器安全阀整定压力应为装设地点工作压力的 1.1 倍；
　　2　表中的工作压力，对于脉冲式安全阀系指冲量接出地点的工作压力，其他类型的安全阀系指安全阀装设地点的工作压力。

3　蒸汽锅炉安全阀应铅锤安装，其排汽管管径应与安全阀排出口径一致，其管路应畅通，并直通至安全地点；排汽管底部应装有疏水管；省煤器的安全阀应装排水管。在排水管、排汽管和疏水管上，不得装设阀门。

4　省煤器安全阀整定压力调整，应在蒸汽严密性试验前用水压的方法进行。

5　应检验安全阀整定压力和回座压力。

6　在整定压力下，安全阀应无泄漏和冲击现象。

7　蒸汽锅炉安全阀经调整检验合格后，应加锁或铅封。

3. 原因分析

（1）装填料的方法不对或端盖压的不紧；阀杆接触不严而泄露。

（2）密封面损伤或轻度腐蚀；操作时关闭不当，致使密封面接触不良；杂质堵住阀芯；阀体或压盖有裂纹。

4. 防治措施

（1）按规定的方法加装填料，接口切成 45°斜口，相邻两圈接口错开 90°~ 180°，检查并调整填料压盖，均匀用力拧紧压盖螺栓。

（2）安装前检查阀杆的弯曲度不应超过 0.1 ~ 0.25mm、椭圆度不应超过 0.02 ~ 0.05mm、表面锈蚀和磨损深度不应超过 0.1 ~ 0.2mm，操作时不应用力过猛，不允许用大扳把关闭小阀门。

（3）为保证整个系统内部清洁，必要时可在安装前进行喷砂或酸洗处理。

5. 工程实例图片（图 3.4-9）

图 3.4-9　锅炉阀门无泄露

3.4.8　通病名称：锅炉伸缩节安装不当

1. 通病现象

安装时没有严格预拉或预压，不能保证管道在运行中正常伸缩。

2. 规范标准相关规定

《锅炉安装工程施工及验收规范》GB 50273—2009

4.4.5　钢管式空气预热器的伸缩节的连接应良好，不应有泄漏现象。

3. 原因分析

（1）未在常温下进行预拉或预压。

（2）预拉或预压方法不当，致使各节受力不均。

（3）伸缩节的安装方向不对。

4. 防治措施

（1）伸缩节安装时应根据补偿零点的温度定位，补偿零点温度是管道设计考虑到最高温度的中点。在环境温度等于补偿零点温度时，伸缩节可不进行预拉或预压。如果安装时环境温度高于零点温度，应进行预压缩；如果安装时环境温度低于补偿零点温度，则应进行预拉伸，拉伸量或压缩量应符合设计要求。

（2）伸缩节进行预拉或预压时，施加的作用力应分 2～3 次进行，作用力应逐渐增加，尽量保证各节的圆周面受力均匀。

（3）伸缩节的安装是有方向性的，应严格按设计要求进行伸缩量预拉或预压。

5. 工程实例图片（图 3.4-10）

图 3.4-10　伸缩节正确安装

3.4.9　通病名称：锅炉管道安装的施工工艺差

1. 通病现象

管道安装后经目测检查或解体检查，经常存在既容易忽视又影响使用的缺陷，不能保证管道正常稳定的运行（图3.4-11）。

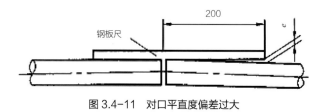

图3.4-11　对口平直度偏差过大

2. 规范标准相关规定

（1）《锅炉安装工程施工及验收规范》GB 50273—2009

4.3.3　受热面管子的对接接头，当材料为碳素钢时，除接触焊对接接头外，可免做检查试件；当材料为合金钢时，在同钢号、同焊接材料、同焊接工艺、同热处理设备和规范的情况下，应从每批产品上切取接头数0.5%作为检查试件，且不得少于一套试样所需接头数。锅筒、集箱上管接头与管子连接的对接接头、膜式壁管子对接接头等产品接头上直接切取检查试件确有困难时，可焊接模拟的检查试件代替。

4.3.5　锅炉受热面管子及其本体管道的焊接对口应平齐，其错口不应大于壁厚的10%，且不应大于1mm。

（2）《工业金属管道工程施工及验收规范》GB 50235—2010

7.3.3　法兰连接应与钢制管道同心，螺栓应能自由穿入。法兰螺栓孔应跨中布置。法兰间应保持平行，其偏差不得大于法兰外径的0.15%，且不得大于2mm。法兰接头的歪斜不得用强紧螺栓的方法消除。

7.3.4　法兰连接应使用同一规格螺栓，安装方向应一致。螺栓应对称紧固。螺栓紧固后应与法兰紧贴，不得有楔缝。当需要添加垫圈时，每个螺栓不应超过一个。所有螺母应全部拧入螺栓，且紧固后的螺栓与螺母宜齐平。

7.3.10　管子对口时应在距接口中心200mm处测量平直度，当管子公称尺寸小于100mm时，允许偏差为1mm；当管子公称尺寸大于或等于100mm时，允许偏差为2mm。但全长允许偏差均为10mm。

3. 原因分析

（1）法兰安装不平行、不同轴，垫片不符合规定，螺栓规格不统一，安装方向不一致。

（2）管子对口不平直，出现马蹄口。

（3）管子下料不符合规定，预留焊口位置不符合规范要求。

（4）地下管道（管沟内）坡度不符合要求。

4. 防治措施

（1）法兰连接时盘面应保持平行，盘面上对应螺栓孔的偏差一般不超过孔径的 5%，安装垫片时可根据需要分别涂以石墨粉、二硫化钼、石墨机油等。当大直径的垫片需要拼接时，应采用斜口搭接、迷宫或接口，不得平行对接。使用软钢、铜、铅等金属垫片，安装前应进行退火处理。连接螺栓应使用同一规格，安装方向应一致，螺栓应对称均匀地拧紧。

（2）管道对口应使用缺口尺检查平直度，在距接口 200mm 处测量，允许偏差为 1mm/m，但全长不得超过 10mm。

（3）管子下料应符合规范，直管段两环向焊缝间距不小于 100mm，焊缝距弯管的起弯点不小于 100mm，且不小于管外径；环向焊缝距支吊点的净距不小于 50mm，需热处理的焊缝距支吊点不得小于焊缝宽的 5 倍，且不小于 100mm，在管道焊缝位置上不得开孔，如必须开孔，焊缝应经无损探伤检查合格。

（4）地下管道（管沟内）支（托）架随土建一起施工，标高一般不准确，在安装管道时，应按设计的标高进行支架的调整，使符合管道的疏水坡度。

5. 治理措施

对施工中出现的问题，按措施中的方法进行整改，直到符合规范要求。

6. 工程实例图片（图 3.4-12）

图 3.4-12　锅炉管道安装的施工正确

3.4.10　通病名称：锅炉管道内部不清洁

1. 通病现象

受热面、附属管道或燃油管道和管道内部不清洁。

2. 规范标准相关规定

（1）《锅炉安装工程施工及验收规范》GB 50273—2009

4.2.3　胀接前，应清除管端和管孔的表面油污，并打磨至发出金属光泽，管端的打磨长度不应小于管孔壁厚加 50mm。打磨后，管壁厚度不得小于公称壁厚的 90%，且不应有起皮、凹痕、裂纹和纵向刻痕等缺陷。

（2）《工业金属管道工程施工及验收规范》GB 50235—2010

9.1.1　管道在压力试验合格后，应进行吹扫与清洗。并应编制管道吹扫与清洗方案。

9.1.2　管道吹扫与清洗方法，应根据管道的使用要求、工作介质、系统回路、现场条件及管道内表面脏污程度确定，并应符合下列规定：

1　公称尺寸大于或等于 600mm 的液体或气体管道，宜采用人工清理。

2　公称尺寸小于 600mm 的液体管道宜采用水冲洗。

3　公称尺寸小于 600mm 的气体管道宜采用压缩空气吹扫。

4　蒸汽管道应采用蒸汽吹扫，非热力管道不得采用蒸汽吹扫。

5　对有特殊要求的管道，应按设计文件规定采用相应的吹扫与清洗方法。

6　需要时可采取高压水冲洗、空气爆破吹扫或其他吹扫与清洗方法。

3. 原因分析

（1）施工人员质量意识淡薄，质检人员监督把关不严。

（2）管道安装前未进行喷砂处理。

（3）喷砂完毕后未处理干净，未进行管道封口。

（4）喷砂后的管道长期存放，内部生锈。

（5）管道安装前未对管道内部进行检查清理。

（6）管道安装过程中临时口未及时封闭。

（7）安装焊接工艺不好。

（8）在已安装完的管道上用火接孔。

4. 防治措施

（1）加强对施工人员的教育，增强施工人员的质量观念；制定严格的管理制度和详细的实施措施，加强对施工现场的质量检验，把好每道工序的质量关。

（2）汽水、油管道安装必须进行喷砂除锈。

（3）全面实施集中领料、集中下料、集中放置、定位管理的现场材料管理法，避免管道现场堆积过多，存放时间过长。喷完砂的管道要注意防潮，暂时不用的管道要进行封堵。

（4）机务专业与热工专业共同确认管道开孔数量和位置，尽可能采用机械加工，管道的开孔应提前进行，并进行管道内部清理。

（5）管道安装对口前应清理、检查和验收。对暂时不连接的管道应及时封堵，防止管道内进入异物。

（6）所有回收气水、油的管道焊接口应采用氩弧焊打底或全氩焊接工艺。

（7）安装中所有管口，包括设备、阀门及封口等未对口焊接前不准开启，已对口未焊接或未焊接完毕的口应使用密封带封住以防止受潮腐蚀。

（8）严格施工中的检查检验制度，建立各级人员责任制，吊挂前所有管道运入现场后由安装人员进行检查，对口前要经过专门质检人员验收、签证，确保管道内部清洁。

5. 治理方法

对没有封口的管道其责任人要重新检查一遍，确保没有异物后把口封好。

6. 工程实例图片（图 3.4-13）

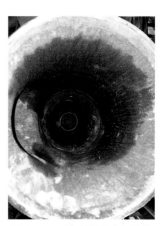

图 3.4-13　锅炉管道内部清洁

3.4.11　通病名称：锅炉消防管道安装缺陷

1. 通病现象

消防管道安装完毕后，消防栓口朝向不对，标高位置不准，水龙带不按规定摆放。

2. 规范标准相关规定

《建筑给水排水及采暖工程施工质量验收规范》GB 50242—2002

9.3.3　消防水泵接合器和消火栓的位置标志应明显，栓口的位置应方便操作。消防水泵接合器和室外消火栓当采用墙壁式时，如设计未要求，进、出水栓口的中心安装高度距地面应为 1.10m，其上方应设有防坠落物打击的措施。

9.3.4　室外消火栓和消防水泵接合器的各项安装尺寸应符合设计要求，栓口安装高度允许偏差为 ±20mm。

9.3.6　消防水泵接合器的安全阀及止回阀安装位置和方向应正确，阀门启闭应灵活。

3. 原因分析

施工时没有按规定进行安装；消防管道不常用，安装时不认真。

4. 防治措施

应根据规范中的规定，合理安装消火栓且口朝外；标高应严格按设计安装，阀门中心距地面为 100mm；水龙带应根据箱内构造挂在箱内的挂钉或水龙带筋上。

5. 治理措施

对安装不符合规范中要求的，严格按照规范要求进行整改。

6. 工程实例图片（图 3.4-14）

图 3.4-14　锅炉消防管道安装无明显缺陷

3.4.12　通病名称：烟、风、煤、粉管道制作、安装工艺差

1. 通病现象

烟、风、煤、粉管道制作、安装工艺差。

2. 规范标准相关规定

《工业金属管道工程施工及验收规范》GB 50235—2010

7.3.3　法兰连接应与钢制管道同心，螺栓应能自由穿入。法兰螺栓孔应跨中布置。法兰间应保持平行，其偏差不得大于法兰外径的 0.15%，且不得大于 2mm。法兰接头的歪斜不得用强紧螺栓的方法消除。

7.3.4　法兰连接应使用同一规格螺栓，安装方向应一致。螺栓应对称紧固。螺栓紧固后应与法兰紧贴，不得有楔缝。当需要添加垫圈时，每个螺栓不应超过一个。所有螺母应全部拧入螺栓，且紧固后的螺栓与螺母宜齐平。

7.3.10　管子对口时应在距接口中心 200mm 处测量平直度，当管子公称尺寸小于 100mm 时，允许偏差为 1mm；当管子公称尺寸大于或等于 100mm 时，允许偏差为 2mm。但全长允许偏差均为 10mm。

3. 原因分析

（1）施工人员技术素质低，工作责任心不强，不熟悉规范要求。

（2）安装过程中内部清理不彻底；没有对敞口进行及时封闭；施工工艺和程序不合理。

（3）支吊架不按图施工，随意性较大。

（4）管道焊接质量不好，存在漏焊、气孔等缺陷。

（5）系统中的法兰不是机加工，制作粗糙、焊接变形。

（6）密封填料方法不对、厚薄不均；用气焊割孔；螺栓受力不均。

4. 防治措施

（1）管道制作、安装前，要认真进行图纸会审，并编制操作性强的作业指导书。

（2）管道制作时按零件图进行，钢板拼接焊接完后，应用大锤平整，平整合格后才能进行加固筋的安装；制作好的工件接口，拉好对角线进行临时支撑加固。地面组合时，应根据锅炉结构及吊车的性能进行组合。

（3）管道安装前，对支吊架型号、规格仔细进行清点、编号，并检验合格。

（4）吊装时应认真检查吊点、吊环焊接是否牢固，同时将管道内部清理干净。

（5）为了防止其变形，内部应做临时加固。

（6）安装过程中，下班前对内部的临时铁件及时割除并清理干净。

（7）管道焊接对口不允许搭接，不允许强制对口安装，焊口应放在易于焊接的部位。

（8）安装前可通过放线进行定位，确定弯头及弯曲度的位置和标高。

（9）对口间隙应均匀，大于 5mm 的管壁应打坡口，并打磨干净。

（10）为了保证管道纵横位置线和标高准确，在安装过程中应逐段核查误差表，以

防止安装积累偏差过大。

（11）管道的焊口应光滑，焊渣、药皮应清理干净，严禁在焊缝处添加异物施焊，焊接完成后，焊缝应做渗油试验，做到严密不漏。

（12）使用扁钢和角钢对接的法兰，校正好后点焊在一起钻孔，严禁用气焊割孔。

（13）与挡板门、风门等设备配套法兰，检查图纸与实际的孔距、孔径相符后方可施工。

（14）挡板门、风门、插板门等安装前应进行检查，必要时进行解体检修，做到开关灵活，并在轴端头标出明显开关位置。

（15）用石棉绳作密封填料时，粗细应合适，石棉绳应沿螺栓内侧绕成波浪型并有足够的搭接长度，石棉绳不得伸入管道和设备内。

（16）螺栓紧固时，要按对称紧固的方法进行，螺栓要受力均匀，法兰的周沿间隙应一致。

（17）支吊架安装，应严格按图纸设计选配，不得混用、错用、代用、自制。支吊架的材质应符合图纸设计要求。

（18）支吊架上的孔眼必须是机制钻孔，不是气焊割孔。

（19）弹簧吊架的吊杆应为热移的 1/2，弹簧应受力均匀，配合良好。

（20）管道中固定支架的管箍应把管子卡紧，固定牢固。

（21）管道滑动支架在安装时，应按设计规范要求，留有足够滑动间隙，托架与支撑滑动面必须光滑，并安装滑动板。

（22）质检人员在施工过程中认真检查并监督，严格办理封闭签证。

（23）系统投用前要进行系统检查，对焊缝、伸缩节、附件等逐一检查，不得有漏件、错件，并帽要并紧。

5. 工程实例图片（图 3.4-15）

图 3.4-15　烟、风、煤、粉管道按要求制作安装

3.4.13　通病名称：输煤皮带跑偏、传动装置发热

1．通病现象

输煤皮带跑偏，传动装置发热。

2．规范标准相关规定

《锅炉安装工程施工及验收规范》GB 50273—2009

7.2.1　抛煤机标高的允许偏差 ±5mm。

7.2.2　相邻两抛煤机的间距允许偏差 ±3mm。

7.2.3　抛煤机采用串联传动时，相邻两抛煤机浆叶转子轴，其同轴度的允许偏差为 3mm。传动装置与第一个抛煤机的轴，其同轴度允许偏差为 2mm。

7.2.4　抛煤机的试运转，应符合下列要求：

1　空负荷运转时间不应小于 2h，运转应正常，无异常的振动和噪音。

2　冷却水路应畅通。

3　抛煤试验，其煤层应均匀。

3．原因分析

（1）机械没有解体检修或检修质量差。

（2）振动的主要原因是轴承同心度差，齿轮的咬合间隙不符合要求。

（3）跑偏的主要原因是头尾部筒中心偏移、不平行、落煤点偏离中心。

4．防治措施

（1）设备安装前，要编制作业指导书，进行技术交底。

（2）设备安装前，对变速箱进行解体检修，做好检修记录，保证结合面的严密性，测量各轴承间的公差配合精度，齿轮的咬合、轴承的同心度是否符合要求。

（3）头部、尾部滚筒下部的清扫器安装应尽量靠近滚筒处，落煤管内应加缓冲或隔板调整落煤点，移动小车左右限位装置，防止皮带小车左右跑偏。

（4）头部、尾部滚筒的中心线误差控制在规定范围之内，中间架安装时，严格控制相邻两滚筒托架对角线误差。

（5）胶接时皮带要拉紧，两边受力要均匀，制作接头时要用直角尺找正，防止接头偏斜。

5．治理措施

针对出现的问题，按照预防措施中的方法进行整改，直至符合要求。

3.4.14　通病名称：电除尘安装工艺差

1．通病现象

电除尘阴极芒刺线、螺栓脱落；阳极板脱落；阳极振打窜动、落灰管安装偏差大。

2．规范标准相关规定

《电除尘器安装施工工艺标准》DF—2006

3.2.8.1　紧固型阳极板排安装

2　阳极板检查和校正：对阳极板进行表面检查、平面度检查。对于平面度超差进行冷态校正，只能采用木锤和橡皮锤，禁止采用金属锤或热态校正法，敲击点应位于极板两防风钩处，严禁敲击极板的工作面，单块极板符合如下要求才能进入组合工序：

①　全长两侧直线度公差为其长度的 0.5‰，且最大为 5mm；

②　全长的平面度为其长度的 1‰，且最大为 10mm；

③　平面扭曲度为其长度的 1.5‰，且最大为 15mm。

3　板排组合

①　在架空约 500mm 组装平台上安放阳板排起吊架；

②　在起吊架上按设计安放合格的单块阳极板；

③　将上横梁、横梁座等部件与阳极板组合；

④　检测紧固：测量对角线并调整板间间隙符合设计要求，对角线偏差不大于 5mm，然后将所有连接螺栓利用力矩扳手拧紧，拧紧力矩要求一般与螺栓直径数值相同。多数情况下，极板与撞击杆连接螺栓拧紧力矩为 16kg·m，撞击杆与撞击头连接螺栓拧紧力矩为 25kg·m，待螺栓全部按要求拧紧后再将螺母焊死。

3.2.9.3　阴极小框架和阴极线安装：

1　单元式阴板小框架及阴极线安装：

①　小框架校正。

②　左、右两个半框架组合并复校合格。

③　小框架悬挂于悬挂架上，并依次安装阴极线。

④　按装配图进行检测调整，并对阴极线两端螺栓按设计要求作不少于两点的点焊止推焊接。

⑤　按图纸装配其他部件。

3．原因分析

（1）阴极芒刺线固定螺栓点焊数量多，点焊后药皮不清理，造成漏焊及点焊不牢。

（2）阳极板下部定位长圆孔的膨胀间隙不够。

（3）安装中忽视施工工艺，对图纸不清楚，不注意整体排列。

4．防治措施

（1）开工前编制作业指导书，并进行仔细的技术交底，对容易出现问题的地方要特别强调并设置质量控制点，上岗前对施工人员要进行针对性的培训。

（2）阴极芒刺固定螺栓点焊后，要彻底清理药皮，并逐个进行检查，对漏焊及点焊不牢的及时补焊，质检人员对每一个点焊部位都要经过严格的二、三级检查、验收。

（3）阳极板安装前要仔细测量定位孔膨胀间距，间距不符合要求的要现场处理。

（4）为防止阳极振打轴套窜动，采取点焊轴套右增加固定支座的方法处理。

（5）落灰管安装前应检查预留孔的偏差情况，管道安装时，纵横排列采用拉线测量控制，做到排列整齐、工艺美观。

5. 治理措施

针对出现的问题，按预防措施中的方法进行整改，直至符合要求。

6. 工程实例图片（图3.4-16）

图3.4-16　电除尘安装工艺符合要求

3.4.15　通病名称：小管道布置工艺不美观，系统不清洁

1. 通病现象

管道布置杂乱无章；阀门布置不整齐，操作不方便；排水排汽就地排放；管道内部不清洁，影响系统安全运行。

2. 规范标准相关规定

《锅炉安装工程施工及验收规范》GB 50273—2009

4.2.1　安装前，应对受热面管子进行检查，应符合下列要求：

4　受热面管子的排列应整齐，局部管段与设计安装位置偏差不宜大于5mm。

4.3.14　管排的排列应整齐，不应影响砖砌和挂砖。

3. 原因分析

管道布置前没有进行统一规划、布局。

4. 防治措施

（1）疏放水管道布置应考虑热膨胀以及其他管道及设备的保温距离。

（2）按设计图纸要求安装管道，无设计走向的管道进行统一规划布置，使用微机进行三维立体设计，使小管道布置整齐美观，阀门便于操作。

（3）所有疏水管道不得直接排水至工业管沟，应集中到统一排水母管排放。

（4）安装人员按图纸施工，不得错用材料。

（5）管道弯管采用机械冷弯工艺，小管道下料采用无齿锯。

（6）所有热力系统疏水管道阀门前的部分及回收疏放水的管道均采用全氩弧焊打底工艺，保证系统内部清洁。

（7）小口径管道支吊架安装符合设计及规范要求。

5. 治理措施

针对出现的问题，按照预防措施中的方法进整改，直至符合要求。

6. 工程实例图片（图 3.4-17）

图 3.4-17　小管道布置工艺符合要求

3.5　场区配套建筑工程

3.5.1　通病名称：基础下沉

1. 通病现象

钢架安装过程中或安装完成后，基础下沉不均匀或下沉过多。

2. 规范标准相关规定

《钢结构工程施工规范》GB 50755—2012

11.3.1　钢结构安装前应对建筑物的定位轴线、基础轴线和标高、地脚螺栓位置等进行检查，并应办理交接验收。当基础工程分批进行交接时，每次交接验收不应少于一个安装单元的柱基基础，并应符合下列规定：

1　基础混凝土强度应达到设计要求；

2　基础周围回填夯实应完毕；

3　基础的轴线标志和标高基准点应准确、齐全。

3. 原因分析

（1）柱底板底面与砂浆上平面有间隙或砂浆填充不实。

（2）基础中埋件浇灌混凝土振捣不够，出现空鼓。

（3）底座板下平面中心及四周没有灌入砂浆。

（4）砂浆达不到要求。

4. 防治与治理措施

（1）为达到基础二次灌浆强度，在进行垫铁调整或标高处理时，应保证基础支撑面与柱架柱底板下面之间的距离不小于 40mm，以利于灌浆，并全部充满空间。

（2）应按照混凝土的浇灌程序进行，振捣要密实，不能出现空鼓、不实、蜂窝、麻面现象。

（3）使用合格的灌浆材料，并在钢结构吊装前做试块强度检验。

（4）确定立柱与所在基础的位置，进行对应编号，控制误差在标准范围之内。

（5）测量立柱的实际标高误差，松开与立柱相连结构，在底部焊接支撑件，用千斤顶顶起，调节垫铁高度，直至调整标高误差在标准范围之内。

3.5.2 通病名称：钢结构垂直度超标

1. 通病现象

钢结构垂直度偏差超出规范、标准要求，影响结构的受力情况。

2. 规范标准相关规定

《钢结构工程施工规范》GB 50755—2012

11.1.2 钢结构安装现场应设置专门的构件堆场，并应采取防止构件变形及表面污染的保护措施。

11.1.3 安装前，应按构件明细表核对进场的构件，查验产品合格证；工厂预拼装过的构件在现场组装时，应根据预拼装记录进行。

11.1.6 钢结构安装校正时应分析温度、日照和焊接变形等因素对结构变形的影响。施工单位和监理单位宜在相同的天气条件和时间段进行测量验收。

11.4.1 钢柱安装应符合下列规定：

1 柱脚安装时，锚栓宜使用导入器或护套；

2 首节钢柱安装后应及时进行垂直度、标高和轴线位置校正，钢柱的垂直度可采用经纬仪或线锤测量。校正合格后钢柱应可靠固定，并应进行柱底二次灌浆，灌浆前应清除柱底板与基础面间杂物；

3 首节以上的钢柱定位轴线应从地面控制轴线直接引上，不得从下层柱的轴线引上；钢柱校正垂直度时，应确定钢梁接头焊接的收缩量，并应预留焊缝收缩变形值；

4 倾斜钢柱可采用三维坐标测量法进行测校，也可采用柱顶投影点结合标高进行测校，校正合格后宜采用刚性支撑固定。

3. 原因分析

（1）立柱制作时发生变形，但未进行矫正。

（2）立柱刚性差，由于放置不当等原因发生弹性变性或塑性变性。

（3）吊装方案不合理，产生弯曲变形。

（4）测量时温度偏差的原因，导致发生弯曲变形。

4. 防治措施

（1）钢结构的拼装、焊接均应采取防变形措施，对制作时产生的变形应及时矫正。

（2）在运输、储存过程中，要按设备的防护要求进行放置，以免因外界因素而变形。

（3）在吊装时，吊点选择正确可防止变形，一般选 2/3 柱上的位置；立柱或组合件的刚性确实达不到时，则要考虑加固方案或使用吊架。

（4）吊装时注意超吊半径和旋转半径，需滑移时应在下部设置滑移设施，防止因应力过大使主柱弯曲或破坏柱底板。

（5）测量或验收立柱垂直度时，最好选择在太阳升起之前或阴天的时候；如果在立柱有阴、阳面测量时，则需用以下公式来计算校正测量值。

$$\Delta S = 6（t_1 - t_2）h^2/10^3 B \qquad （3.5-1）$$

式中　ΔS——柱顶端偏移量（mm）；

h——立柱由底到顶垂直段高度（m）；

t_1、t_2——实测立柱两个面（阴、阳面）的温度（℃）；

B——立柱横截面顺光线方向的边长。

5. 治理措施

（1）在安装前发现立柱弯曲，要采取措施进行矫正，如果是现场焊接钢结构，则要采取防焊接变形措施。

（2）对于弹性变形，消除外力可恢复到原状态，不用矫正；如是塑性变形，则需要采用火焰矫正或外力矫正。

（3）尽量选择适合的天气进行验收，在有阳光直射测量时，需对测量数据进行校正。

3.5.3　通病名称：钢结构标高尺寸超标

1. 通病现象

安装后各立柱的绝对标高或相对标高超标，造成横梁、垂撑等部件安装难度加大。

2. 规范标准相关规定

《钢结构工程施工规范》GB 50755—2012

11.3.1　钢结构安装前应对建筑物的定位轴线、基础轴线和标高、地脚螺栓位置等进行检查，并应办理交接验收。当基础工程分批进行交接时，每次交接验收不应少于一个安装单元的柱基基础，并应符合下列规定：

1　基础混凝土强度应达到设计要求；

2 基础周围回填夯实应完毕；

3 基础的轴线标志和标高基准点应准确、齐全。

3. 原因分析

（1）基础标高不正确。

（2）安装前对基础标高的处理方法不合理，造成各立柱之间的相对标高超标。

4. 防治措施

（1）施工前，应根据建筑的基准标高核对基础标高尺寸，并做记录。

（2）各立柱组合时，应根据立柱的实际长度和实际标高，从柱顶向下量，确定出 1m 标高线；根据柱底板至 1m 标高线的实际长度和放置垫铁处的基础标高，确定配置垫铁的高度。

（3）在进行各节立柱安装时，要测量各节立柱的实际尺寸，计算出误差。在立柱对接时，把误差缩小到最小。

3.5.4 通病名称：终紧后的力矩值达不到标准要求

1. 通病现象

终紧后螺栓最终力矩值达不到规定要求，产生超紧和欠紧，降低了高强螺栓的结构强度。

2. 规范标准相关规定

《钢结构工程施工规范》GB 50755—2012

7.2.1 连接件螺栓孔应按本规范第 8 章的有关规定进行加工，螺栓孔的精度、孔壁表面粗糙度、孔径及孔距的允许偏差等，应符合现行国家标准《钢结构工程施工质量验收规范》GB 50205 的有关规定。

7.2.2 螺栓孔孔距超过本规范第 7.2.1 条规定的允许偏差时，可采用与母材相匹配的焊条补焊，并应经无损检测合格后重新制孔，每组孔中经补焊重新钻孔的数量不得超过该组螺栓数量的 20%。

7.2.3 高强度螺栓摩擦面对因板厚公差、制造偏差或安装偏差等产生的接触面间隙，应按表 7.2.3 规定进行处理。

接触面间隙处理   表7.2.3

项目	示意图	处理方法
1		Δ < 1.0mm 时不予处理
2	磨斜面	Δ=（1.0 ~ 3.0）mm 时将厚板一侧磨成 1：10 缓坡，使间隙小于 1.0mm
3		Δ > 3.0mm 时加垫板，垫板厚度不小于 3mm，最多不超过三层，垫板材质和摩擦面处理方法应与构件相同

7.2.4　高强度螺栓连接处的摩擦面可根据设计抗滑移系数的要求选择处理工艺，抗滑移系数应符合设计要求。采用手工砂轮打磨时，打磨方向应与受力方向垂直，且打磨范围不应小于螺栓孔径的 4 倍。

7.2.5　经表面处理后的高强度螺栓连接摩擦面，应符合下列规定：

1　连接摩擦面应保持干燥、清洁，不应有飞边、毛刺、焊接飞溅物、焊疤、氧化铁皮、污垢等；

2　经处理后的摩擦面应采取保护措施，不得在摩擦面上作标记；

3　摩擦面采用生锈处理方法时，安装前应以细钢丝刷垂直于构件受力方向除去摩擦面上的浮锈。

7.3.1　普通螺栓可采用普通扳手紧固，螺栓紧固应使被连接件接触面、螺栓头和螺母与构件表面密贴。普通螺栓紧固应从中间开始，对称向两边进行，大型接头宜采用复拧。

7.3.2　普通螺栓作为永久性连接螺栓时，紧固连接应符合下列规定：

1　螺栓头和螺母侧应分别放置平垫圈，螺栓头侧放置的垫圈不应多于 2 个，螺母侧放置的垫圈不应多于 1 个；

2　承受动力荷载或重要部位的螺栓连接，设计有防松动要求时，应采取有防松动装置的螺母或弹簧垫圈，弹簧垫圈应放置在螺母侧；

3　对工字钢、槽钢等有斜面的螺栓连接，宜采用斜垫圈；

4　同一个连接接头螺栓数量不应少于 2 个；

5　螺栓紧固后外露丝扣不应少于 2 扣，紧固质量检验可采用锤敲检验。

3. 原因分析

（1）安装孔加工不准确。

（2）构件接触摩擦面处理不符合规定。

（3）紧固后的构件接触面存在大的间隙。

（4）使用的紧固工具不准确。

（5）紧固工艺不合理。

4. 防治措施

（1）螺栓连接的孔加工要准确，应使其偏差在规定的允许范围之内，以达到孔径与螺栓的公称值合理配合。

（2）为保证紧固后的螺栓达到规定的力矩值，连接件的表面处理加工应符合电力施工规范要求，其治理方法和预防措施见其他相关内容。

（3）采用合理的施工工艺，如高强螺栓要配套使用，不能互换；结合面应处理好，不能有油漆、油污等；不得在雨中施工，以使构件结合面保持干燥。

（4）根据实际情况选用合理的紧固顺序，当节点构件存在较大刚度时，应先紧固刚度较大的部位，后紧固刚度较小及不受约束的自由端；整体构件的不同连接位置或同一节点的不同位置，有两个或两个以上连接构件时，应先紧固主要构件，后紧固次要构件；

工字钢形或槽钢的连接紧固顺序应按先紧固两侧的翼缘板，后紧固腹板的顺序进行；高强螺栓的紧固必须分初紧和终紧，当天安装的高强螺栓必须当天完成初紧，并作出标记防止漏紧或重复紧固。

（5）紧固时用专用初紧或终紧电动扳手，检测时力矩扳手的终紧力矩与设计偏差不得大于 10%；扭剪型高强螺栓紧固后，不需要其他检测手段，其尾部的梅花头拧掉即为合格。个别部位用专用扳手不能紧固，其梅花头严禁动用火焊切割或榔头敲击掉，应用锯弓割掉，否则紧固后力矩值会发生变化。

5. 治理措施

大六角头高强螺栓终紧结束，通过检查测定，如果发现欠紧、漏紧的应补紧，超紧的应更换螺栓重新紧固，其力矩值要符合设计规定；扭剪型高强螺栓要观察其梅花头是否紧掉，存在梅花头的应重新紧固；不能使用专用扳手紧固的，用力矩扳手检测合格后，用锯弓割掉梅花头。

3.5.5　通病名称：钢结构变形

1. 通病现象

钢结构弯曲、扭曲变形（图 3.5-1）。

2　规范标准相关规定

《钢结构工程施工规范》GB 50755—2012

图 3.5-1　钢结构在运输过程中发生变形

6.3.15　采用的焊接工艺和焊接顺序应使构件的变形和收缩最小，可采用下列控制变形的焊接顺序：

1　对接接头、T 形接头和十字接头，在构件放置条件允许或易于翻转的情况下，宜双面对称焊接；有对称截面的构件，宜对称于构件中性轴焊接；有对称连接杆件的节点，宜对称于节点轴线同时对称焊接；

2　非对称双面坡口焊缝，宜先焊深坡口侧部分焊缝，然后焊满浅坡口侧，最后完成深坡口侧焊缝。特厚板宜增加轮流对称焊接的循环次数；

3　长焊缝宜采用分段退焊法、跳焊法或多人对称焊接法。

6.3.16　构件焊接时，宜采用预留焊接收缩余量或预置反变形方法控制收缩和变形，收缩余量和反变形值宜通过计算或试验确定。

6.3.17　构件装配焊接时，应先焊收缩量较大的接头、后焊收缩量较小的接头，接头应在拘束较小的状态下焊接。

15.1.3　钢结构施工期间，可对结构变形、结构内力、环境量等内容进行过程监测。钢结构工程具体的监测内容及监测部位可根据不同的工程要求和施工状况选取。

3. 原因分析

（1）钢结构运距长、中转多，运输、装卸受力不当引起变形。

（2）存放支垫方式不当引起变形。

（3）工厂在制造过程中，由于焊接等工艺操作不当，产生变形。

（4）存放时间长，造成焊接应力释放，使钢结构弯曲、扭曲。

4. 防治措施

（1）钢结构运输应尽量减少中转，在装卸时应注意吊点的位置；存放、运输过程中应按规定的要求进行支垫，跨距不能过大。

（2）在设备运输到现场后应尽快安装，最好不超过 2 个月。对发生弯曲、扭曲的钢结构，根据实际情况采用热校或冷校的方法进行校正。

3.5.6　通病名称：焊接钢结构焊接变形

1. 通病现象

在钢结构焊接完成后，钢结构产生变形，如尺寸变大或变小（图 3.5-2）；弯曲或扭曲度超标。

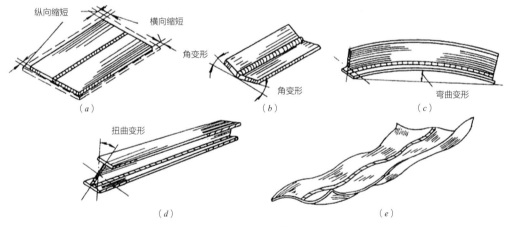

图 3.5-2　钢结构焊接变形

（a）纵向和横向收缩；（b）角变形；（c）弯曲变形；（d）扭曲变形；（e）波浪变形

2. 规范标准相关规定

《钢结构工程施工规范》GB 50755—2012

6.3.15　采用的焊接工艺和焊接顺序应使构件的变形和收缩最小，可采用下列控制变形的焊接顺序：

1　对接接头、T 形接头和十字接头，在构件放置条件允许或易于翻转的情况下，宜双面对称焊接；有对称截面的构件，宜对称于构件中性轴焊接；有对称连接杆件的节点，宜对称于节点轴线同时对称焊接；

2 非对称双面坡口焊缝，宜先焊深坡口侧部分焊缝，然后焊满浅坡口侧，最后完成深坡口侧焊缝。特厚板宜增加轮流对称焊接的循环次数；

3 长焊缝宜采用分段退焊法、跳焊法或多人对称焊接法。

6.3.16 构件焊接时，宜采用预留焊接收缩余量或预置反变形方法控制收缩和变形，收缩余量和反变形值宜通过计算或试验确定。

6.3.17 构件装配焊接时，应先焊收缩量较大的接头、后焊收缩量较小的接头，接头应在拘束较小的状态下焊接。

3. 原因分析

没有很好地掌握焊接变形的规律，没有采取正确的施工工艺和工序进行焊接反变形。

4. 防治与治理措施

（1）在施工前根据图纸认真做好措施准备，对施工中可能出现的问题要有一个周密的应对方案。

（2）根据施工中出现的问题及时总结经验，找出焊接变形的规律，在下一步的施工中进行应用。

（3）根据立柱的大小，对接前要预留3～6mm的焊接收缩量。焊接立柱时，为防止焊接时变形，要在接口两侧1m远处用支架把立柱撑牢。为避免局部焊接热能量过于集中，应使用两个焊工对称施焊。

立柱对接焊接完毕，用磨光机把安装加固板处的焊缝磨平，再装加固板。加固板的施焊顺序要分段进行。

图 3.5-3 钢结构火焰矫正变形

5. 工程实例图片（图3.5-3）

3.5.7 通病名称：钢结构焊接有裂缝

1. 通病现象

通常情况下，焊接裂缝包括四个方面：第一，贴脚烘干冷裂纹如图3.5-4所示，主要出现在热影响区焊缝边缘裂缝和贴角裂缝根部，大大降低了贴角焊缝强度；第二，对接焊冷裂纹，主要出现在焊缝金属的根部，分为纵向裂缝、横向裂缝、焊道下方裂缝，影响钢结构焊缝的强度；第三，对接焊变形冷裂纹，主要出现在热影响区的变形冷裂纹，影响钢结构焊接变形，降低焊缝强度；第四，对接焊缝热裂纹，主要出现在焊缝金属，使得焊缝质量达不到规定要求。

图 3.5-4 裂纹示意图

2. 规范标准相关规定

《钢结构焊接规范》GB 50661—2011

8.2.3 外观检测应符合以下规定：

1 所有焊缝应冷却到环境温度后方可进行外观检测，焊缝外观质量应满足表 8.2.3 的规定。

焊缝外观质量要求 表8.2.3

检验项目＼焊缝质量等级	一级	二级	三级
裂纹		不允许	
未焊满	不允许	≤ 0.2±0.02t 且 ≤ 1mm，每 100mm 长度焊缝内未焊满累积长度 ≤ 25mm	≤ 0.2±0.04t 且 ≤ 2mm，每 100mm 长度焊缝内未焊满累积长度 ≤ 25mm
根部收缩	不允许	≤ 0.2±0.02t 且 ≤ 1mm，长度不限	≤ 0.2±0.04t 且 ≤ 2mm，长度不限
咬边	不允许	≤ 0.05t 且 ≤ 0.5mm，连续长度 ≤ 100mm，且焊缝两侧咬边总长 ≤ 10% 焊缝全长	≤ 0.1t 且 ≤ 1mm，长度不限
电弧擦伤		不允许	允许存在个别电弧擦伤
接头不良	不允许	缺口深度 ≤ 0.05t 且 ≤ 0.5mm，每 1000mm 长度焊缝内不得超过 1 处	缺口深度 ≤ 0.1t 且 ≤ 1mm，每 1000mm 长度焊缝内不得超过 1 处
表面气孔		不允许	每 50mm 长度焊缝内允许存在直径 < 0.4t 且 ≤ 3mm 的气孔 2 个；孔距应 ≥ 6 倍孔径
表面夹渣		不允许	深 ≤ 0.2t，长 ≤ 0.5t 且 ≤ 20mm

3. 原因分析

（1）贴角烘干冷裂纹产生的原因在于钢构件焊接过程中，焊缝中扩散的氢气发生内压引起或者由于热影响降低了焊缝的伸缩性。

（2）对接焊冷裂纹产生的原因在于约束应力和应力过于集中引起的。

（3）对接焊变形冷裂缝产生的原因在于咬边导致钢结构形状不连续引起的应力集中。

（4）对接焊缝热裂纹产生的主要原因是钢结构中含有过多的硫磷杂质，且在焊接过程中析出。

4. 预防措施

（1）贴角烘干冷裂纹预防措施：焊接前应对焊接部位进行预热处理，为钢材的伸缩性提供延伸条件，使用低氢焊条进行焊接。

（2）对接焊冷裂纹预防措施：通过预热和热处理就能有效杜绝对接焊冷裂纹的产生。

（3）对接焊变形冷裂缝预防措施：通过合理安排焊接顺序避免对接焊变形冷裂纹的产生。

（4）对接焊缝热裂纹预防措施：选择合适的焊条以及焊接的角度能有效杜绝对接焊缝热裂纹的产生。

5. 治理措施

（1）针对每种产生裂纹的具体原因采取相应的对策。

（2）对已经产生裂纹的焊接接头，采取挖补措施处理。

3.5.8　通病名称：钢结构拼接缺陷

1. 通病现象

钢结构拼接缺陷主要体现在三个方面：第一，构件运输变形，钢结构构件在运输过程中发生碰撞或挤压，致使构件发生变形或者死弯现象，导致构件不能进行正常安装；第二，构件拼装扭曲，钢梁构件拼装后扭曲值超过允许范围，会很大程度上降低钢梁的安装质量；第三，构件起拱不准确，构件起拱数值低于或者超过预期设计值，如果构件起拱数值小于预期设计值，安装后就会导致梁发生下挠，如果超过预期值，就会导致标高超过预期值（图 3.5-5 ～图 3.5-7）。

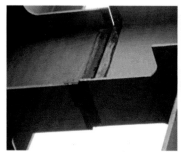 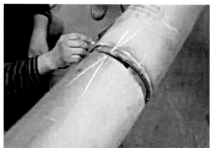 

图 3.5-5　梁对接错边严重　　　图 3.5-6　下料尺寸误差大　　　图 3.5-7　未采用满焊

2. 规范标准相关规定

《钢结构工程施工规范》GB 50755—2012

9.3.5　设计要求起拱的构件，应在组装时按规定的起拱值进行起拱，起拱允许偏差为起拱值的 0 ～ 10%，且不应大于 10mm。设计未要求但施工工艺要求起拱的构件，起拱允许偏差不应大于起拱值的 ±10%，且不应大于 ±10mm。

11.1.2　钢结构安装现场应设置专门的构件堆场，并采取防止构件变形及表面污染的保护措施。

11.1.3　安装前，应按构件明细表核对进场的构件，查验产品合格证；工厂预拼装过的构件在现场组装时，应根据预拼装记录进行。

3．原因分析

（1）施工原因

构件拼装扭曲发生的主要原因是拼接工艺不合理，没有按照设计尺寸进行拼接。

（2）材料原因

1）构件变形的原因在于构件在运输过程中，未能对钢构件进行有效的成品保护，导致构件产生了变形，出现弯曲状态，或者存放构件支点不合理，使得构件出现死弯现象，再或者构件在运输过程中发生碰撞。

2）构件起拱不准确的主要原因是构件尺寸不符合设计要求，钢结构在设计过程中没有结合实际测量值进行计算，在拼装过程中经常忽略跨径比较小的量。

4．预防措施

（1）构件运输变形防治措施可以从两个方面入手：第一，在构件运输过程中做好成品保护措施，选择正确的支点对构件进行摆放；第二，通过机械校正发生弯曲的构件，比如，通过千斤顶校正构件弯度，或者利用氧气乙炔火焰加热构件进行校正。

（2）构件拼装扭曲的治理措施是在钢结构厂房施工现场设立构建拼装工作台，在定位焊接前要保证构件地面光滑平整，避免出现翘曲现象，保证各个支点处于同一水平面上，在焊接过程中要尽量避免出现焊接变形。

（3）构件起拱不准确的防治措施是通过按照钢结构构件制作范围允许的误差值进行检验，并严格控制累积偏差量，降低焊接收缩量的影响措施，就能有效杜绝构件起拱不准确的事件发生。

5．治理措施

（1）构件运输，堆放变形

1）构件发生死弯变形，一般采用机械矫正治理，即用千斤顶或辅以氧乙炔火焰加热后矫正，一般应以工具矫正为主。

2）结构发生缓弯变形时，可采用氧乙炔火焰加热矫正，火焰烘烤时，线状加热多用于矫正形量较大或刚性较大的结构；三角形加热常用于矫正厚度较大、刚性较强构件的弯曲变形。

（2）构件拼装扭曲

节点处型钢不吻合，应用氧乙炔火焰烘烤或用杠杆加压方法调直，达到标准后，再进行拼装，应放在较坚硬的场地上用水平仪抄平；拼装时构件全长应拉通线，并在构件有代表性的点上用水平尺找平，符合设计尺寸后，应用电焊点固焊牢；刚性较差的构件，翻身前要进行加固；构件翻身后应进行找平，否则构件焊接后无法矫正。

（3）构件起拱不准确

1）严格按钢结构构件制作允许偏差检验，如拼装点处角度有误，应及时处理。

2）在小拼过程中，应严格控制累计偏差，注意采取措施消除焊接收缩量的影响。

3）钢屋架或钢梁拼装时，应按规定起拱。

6. 工程实例图片（图3.5-8）

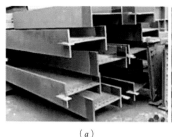 

（a）   （b）

图3.5-8　构件变形预防与治理

（a）无变形构件；（b）变形构件治理

3.5.9　通病名称：螺栓安装缺陷

1. 通病现象

螺栓安装缺陷主要体现在以下两个方面：第一，装配面不符合要求，影响螺栓安装和紧固的质量，钢结构质量达不到具体要求；第二，螺栓丝扣损伤，导致螺杆不能自由旋入螺母中，影响螺栓的装配。同时，钢构预埋件质量也对钢结构螺栓安装影响较大，预埋件偏差超出设计规范要求或者发生移位，将导致钢构件无法正常安装（图3.5-9），从而影响钢结构受力，影响结构安全及稳定。

图3.5-9　连接孔位偏差大，随意扩孔安装

2. 规范标准相关规定

《生活垃圾卫生填埋处理技术规范》GB 50755—2012

7.1.2　构件的紧固件连接节点和拼接接头，应在检验合格后进行紧固施工。

7.1.3　经验收合格的紧固件连接节点与拼接接头，应按设计文件的规定及时进行防腐和防火涂装。接触腐蚀性介质的接头应用防腐腻子等材料封闭。

7.1.4　钢结构制作和安装单位，应按现行国家标准《钢结构工程施工质量验收规范》GB 50205 的有关规定分别进行高强度螺栓连接摩擦面的抗滑移系数试验，其结果应符合设计要求。当高强度螺栓连接节点按承压型连接或张拉型连接进行强度设计时，可不进行摩擦面抗滑移系数的试验。

7.2.1　连接件螺栓孔应按本规范第8章的有关规定进行加工，螺栓孔的精度、孔壁表面粗糙度、孔径及孔距的允许偏差等，应符合现行国家标准《钢结构工程施工质量验收规范》GB 50205 的有关规定。

7.2.2　螺栓孔孔距超过本规范第7.2.1条规定的允许偏差时，可采用与母材相匹配的焊条补焊，并应经无损检测合格后重新制孔，每组孔中经补焊重新钻孔的数量不得超过该组螺栓数量的20%。

7.2.5　经表面处理后的高强度螺栓连接摩擦面，应符合下列规定：

1　连接摩擦面应保持干燥、清洁，不应有飞边、毛刺、焊接飞溅物、焊疤、氧化铁皮、污垢等；

2　经处理后的摩擦面应采取保护措施，不得在摩擦面上作标记；

3　摩擦面采用生锈处理方法时，安装前应以细钢丝刷垂直于构件受力方向除去摩擦面上的浮锈。

3. 原因分析

（1）施工原因

钢结构预埋件偏位严重或错位的主要原因是测量、操作出现错误或误差，或者浇筑混凝土时受冲击或振动等原因，使部分地脚螺栓出现偏差。

（2）材料原因

1）导致装配面不符合要求的主要原因是螺栓表面污渍或者螺栓生锈，螺栓的安装面清理不够彻底。

2）螺栓丝扣损伤的原因是丝扣锈蚀比较严重，螺纹和螺纹之间存在杂质。

4. 预防措施

（1）装配面不符合要求的防治方法有以下几种：第一，逐个清除螺栓表面的油污、铁锈，试拼装的螺栓不能应用在正式拼装中，派遣专门人员保管螺栓，放置在干燥的环境下；第二，合理安排施工顺序，最大限度降低应力的影响。

（2）螺栓丝扣损伤的防治方法有以下几种：第一，挑选合适的螺栓，并进行科学除锈处理；第二，丝扣受损的螺栓不能当做临时螺栓使用，在施工时严禁把螺栓强行打入螺孔中；第三，选配好的螺栓要合理存放，使用时禁止随意更换。

（3）对于钢结构预埋件偏位严重或错位的防治措施有：第一，在钢构预埋件安装前，应对预埋件位置及标高进行复核；第二，对于存在偏差较大或移位的预埋件，应征得设计单位同意后再进行现场机械扩孔，并且在安装后采取有效的加强措施，或对预埋件进行重新预埋，严禁擅自使用氧气乙炔等对构件进行热切割或扩孔。预埋地脚螺栓尽量不要与混凝土结构中的钢筋焊接在一起，最好有一套独立的固定系统，如采用井字形钢管固定。混凝土浇灌完成后要立即进行复测，发现偏差及时处理。预埋完成后，要对螺栓及时进行围护标示，做好成品保护。

（4）一般情况下，在施工单位浇灌混凝土前，监理工程师应对已预埋的螺栓进行闭合测量检查，除纵横轴线量测之外，还要进行标高检查。在已浇灌的混凝土初凝之前要再次进行复测检查，以确保地脚螺栓精确预埋。

5. 治理措施

（1）地脚螺栓平面位置偏差处理

当螺栓中心与设计中心线偏差在 10mm 以内时，可以通过调整柱脚板的螺栓孔位置或搪（割）孔来调整，但要特别仔细，避免损伤底座。

当螺栓直径在 36mm 以内，偏差距离小于 1.5d 时，一般采用热弯螺栓法处理。可在根部凿一条深 150 ~ 200mm 的凹槽，用氧气乙炔枪烘烤螺栓根部，将螺栓弯成 S 形（图 3.5-10a），热弯时应用圆角过渡，弯曲部分应埋在混凝土中，以防转角处应力集中，因为地脚螺栓弯折或变形将会使螺栓的工作应力比正常大数倍。加热温度应在 700 ~ 800℃ 范围内，并应避免浇水冷却，以防螺栓变脆。如果螺栓直径等于或大于 36mm，也可用热弯，但需在弯曲部位加焊钢板或钢筋等锚固体，其长度不小于 S 弯上下两切点的距离（图 3.5-10b），并验算焊缝长度，使螺栓拉直和拉断等强。

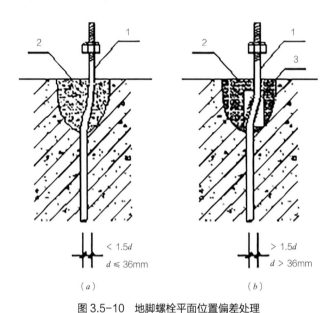

图 3.5-10 地脚螺栓平面位置偏差处理
（a）d ≤ 36mm 且偏差距离小于 1.5d 时；（b）d > 36mm 且偏差距离大于 1.5d 时
1—螺栓；2—新浇混凝土；3—加焊钢板

当地脚螺栓偏差很大（大于 1.5d 时），可采用设过渡钢框架的方法，即先将螺栓割断，加焊槽钢框架，再在槽钢上加焊新的螺栓，槽钢焊缝均须计算。将新设置的螺栓通过槽钢或下字钢与原有埋设在基础中偏差较大的螺栓牢固焊接在一起，以传递上部结构上的水平力和垂直力。框架设计应保证足够的强度和刚度，使其成为一个可靠的整体。

当地脚螺栓偏差过大，无法安装上部结构，或因图纸尺寸错误，预埋地脚螺栓位置、标高与设计图纸不符，或柱脚板加工误差过大时，需要将已埋设的地脚螺栓更换，另外埋设新螺栓。此时，可用钻机取出原地脚螺栓或者将原地脚螺栓截断，在原螺栓附近钻孔，重新在孔内装设化学螺栓。

（2）地脚螺栓标高偏差处理

当地脚螺栓标高偏差为 -10 ~ 30mm，但柱脚安装仍能保证其丝扣有 2 个螺帽的长度时，可不做处理，或者将螺帽拧紧后，将螺帽与垫板以及柱脚板焊接，防止螺帽松动；丝扣高的，可加钢垫板进行调整。

如果螺栓标高偏差大于 -10 ~ 30mm，无法满足安装要求时，可以采用接长螺栓的方法进行处理。

先将螺栓周围的混凝土凿成凹形坑，用同直径的螺栓，上下坡口焊对接（图 3.5-11a），或对接后再在两侧加焊帮条钢筋（图 3.5-11b），但帮条不应露出短柱找平层表面，以便于钢柱安装。当螺栓直径在 36mm 以内时，补焊 2 根帮条钢筋；螺栓直径大于 36mm 时，焊 3 根帮条钢筋（图 3.5-11c），附加帮条钢筋截面积应不小于原螺栓截面积的 1.3 倍，亦不得用小于 16mm 的钢筋，焊缝长度一般上下各取 2.5d（d 为螺栓直径）。

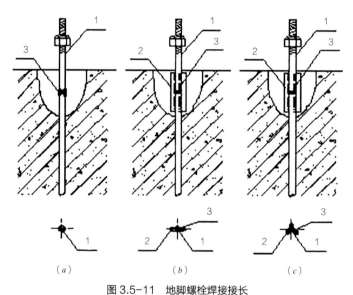

图 3.5-11　地脚螺栓焊接接长
（a）坡口焊对接；（b）加 2 根帮条对接；（c）加 3 根帮条对接
1—螺栓；2—钢筋帮条；3—焊缝

或者可以采用比原螺栓直径加大 1 倍的螺栓，加工成内丝扣，套在原有螺栓上，也可加螺丝套或焊上套管接上新螺栓。这种接长方法比较精确，但比较费工，并且要注意新加的套管高度不能高出短柱找平层，否则会影响钢柱的安装。

如果螺栓高出设计标高很多，可以先将螺帽拧入后将上部螺纹截断，保留适当高度，并将螺帽沿螺纹上下扭动几遍，以保证螺纹能够通畅。所有螺栓经复核校正后，若在短时间内不进行上部结构的安装，须在螺纹上涂以固体黄油，用塑料纸包裹并用铁丝扎紧。

6. 工程实例图片（图 3.5-12）

图 3.5-12　螺栓正确安装

3.5.10　通病名称：钢网架挠度过大

1．通病现象

钢网架屋面工程完成后的挠度值超过相应设计值的 1.15 倍（图 3.5-13）。挠度值过大会影响网架结构的承载力，减弱刚度和稳定性。

挠度观测点　　挠度观测点　　挠度观测点　　挠度观测点　　挠度观测点　　挠度观测点　　挠度观测点

图 3.5-13　观测点挠度值超标

2．规范标准相关规定

《空间网格结构技术规程》JGJ 7—2010

6.11.3　空间网格结构安装完成后，应对挠度进行测量。测量点的位置可由设计单位确定。当设计无要求时，对跨度为 24m 及以下的情况，应测量跨中的挠度；对跨度为 24m 以上的情况，应测量跨中及跨度方向四等分点的挠度。所测得的挠度值不应超过现荷载条件下挠度计算值的 1.15 倍。

3．原因分析

（1）施工原因

1）零件的加工精度、安装精度误差较大。

2）拼装、安装未起拱或起拱不够。

3）安装顺序不当。

4）采用高空散装法安装时支撑架刚度差，弯曲变形下沉。

5）测量检查不及时，存在较大误差等。

（2）材料原因

网架本身高跨比小，刚度差，自重下垂大。

4．预防措施

（1）施工措施

1）严格控制网架零件加工精度和安装精度，使之不超过允许偏差值。

2）网架拼装、安装应适当起拱，起拱值应不低于设计计算挠度值。

3）高跨比小、刚度差的网架安装时，应进行适当临时加固。

4）安装程序、方法必须严格按施工组织设计规定进行。

5）网架安装就位后应及时校正、固定，形成稳定的空间单元体系，未固定前不得拆除加固措施，不得随意松动或拆除已安装的临时杆件或节点。

6）安置时应密切注意气象变化，按施工方案要求，及时落实抗风稳定措施，不得利用网架结构作起吊构件、设备、材料或悬挂物件之用。

7）在网架安装时加强挠度测量检查监控，发现偏差过大时，应及时调整。

（2）材料措施

采用高空散装法安装的支承架必须有足够的强度、刚度和稳定性，地基必须平整坚实，不能下沉。

5. 治理措施

如果网架是一个中庭网架，下弦多点支承，下弦挑出 1m 与上弦平齐，作为封边，中庭的周边是混凝土屋盖，同时网架的支座比较低，在做防水层时用混凝土把下弦球以下（包括下弦球）的部分浇起来（先用千斤顶（图 3.5-14）在网架中心点附近把网架顶起，把它的挠度控制在符合规范的范围内，等浇完混凝土且达到一定强度的时候再撤掉千斤顶），相当于在伸臂梁的两端加荷载，从而达到降低跨中挠度的目的。

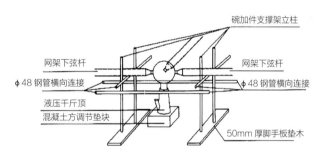

图 3.5-14　网架下弦螺栓球千斤顶支撑

6. 工程实例图片（图 3.5-15）

图 3.5-15　钢网架正确安装

3.6 封场工程

3.6.1 通病名称：堆体失稳

1. 通病现象

垃圾堆放场自然落差大，无水土保持措施，存在滑坡、崩塌隐患（图 3.6-1）。

2. 规范标准相关规定

《生活垃圾卫生填埋处理技术规范》GB 50869—2013

图 3.6-1 堆体滑移

13.3.1 填埋堆体的稳定性应考虑封场覆盖、堆体边坡及堆体沉降的稳定。

13.3.2 封场覆盖应进行滑动稳定性分析，确保封场覆盖层的安全稳定。

13.3.3 填埋堆体边坡的稳定性计算宜按现行国家标准《建筑边坡工程技术规范》GB 50330 中土坡计算方法的有关规定执行。

13.3.4 堆体沉降稳定宜根据沉降速率与封场年限来判断。

13.3.5 填埋场运行期间宜设置堆体沉降与渗沥液导流层水位测设备设施，对填埋堆体典型断面的沉降、边坡侧向变形情况及渗沥液导流层水头进行监测，根据监测结果对滑移等危险征兆采取应急控制措施。

3. 原因分析

1）渗沥液水位（浸润线高低）对填埋场的稳定有着至关重要的影响。

2）垃圾堆体自重作用影响。

4. 预防措施

（1）设计措施

在封场之前需要采取切实有效的导排措施降低垃圾堆体的渗沥液水位，以确保封场工程后堆体的安全稳定。

（2）施工措施

1）主动抽排

主动抽排的方案主要利用本次新建的填埋气体的竖向收集井，通过在降水井内安装临时性潜水泵，将垃圾堆体内的渗沥液抽排至调节池，降低浸润线，并外运处置达标后排放。

2）重力导排

为了重新有效收集垃圾堆体内渗沥液，减少渗沥液在原场地内的蓄积与停留，降低渗沥液的下渗与向外环境的扩散，将渗沥液有效地导排至渗沥液调节池，可沿池底及边坡增设渗沥液导排设施，导排设施主要由渗沥液导流层与渗沥液导排盲沟组成。最终通过 HDPE 管将堆体内下渗的渗沥液导入调节池，统一收集处置达标后排放。

5. 治理措施

（1）在堆体下游建设一座垃圾拦挡坝，以稳定垃圾堆体；将分散堆存垃圾集中收集，并对简易填埋场库区进行调坡整形，以满足稳定性要求。

（2）设置清污分流导排系统，减少垃圾渗沥液产生量，并防止水土流失。

（3）设置渗沥液导排收集系统，新建渗沥液处理设施（定期清运外运处置方式）。

6. 工程实例图片（图 3.6-2）

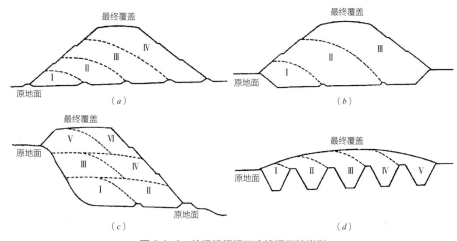

图 3.6-2　垃圾填埋场正确填埋四种类型
（a）平地堆填；（b）地上和地下堆填；（c）谷地堆填；（d）挖沟堆填

3.6.2　通病名称：堆体变形

1. 通病现象

垃圾堆体变形可分为收缩和沉降两种情况，收缩是垃圾堆体水平方向的变化，沉降是垃圾堆体垂直方向的变化（图 3.6-3）。垃圾堆体的各种变化，对在其表面封场作业的影响有好有坏，因其变形特征不存在拉伸，对堆体表面封场结构选择有利，但对垃圾场封场基础结构建设和管线铺设存在较大影响。

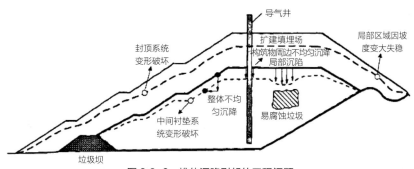

图 3.6-3　堆体沉降引起的工程问题

2. 规范标准相关规定

《生活垃圾卫生填埋处理技术规范》GB 50869—2013

13.3.1 填埋堆体的稳定性应考虑封场覆盖、堆体边坡及堆体沉降的稳定。

13.3.4 堆体沉降稳定宜根据沉降速率与封场年限来判断。

13.3.5 填埋场运行期间宜设置堆体沉降与渗沥液导流层水位测设备设施，对填埋堆体典型断面的沉降、边坡侧向变形情况及渗沥液导流层水头进行监测，根据监测结果对滑移等危险征兆采取应急控制措施。

3. 原因分析

垃圾堆体发生收缩和沉降变化是垃圾堆体经过长时间堆放的必然结果。

4. 预防措施

（1）减少沉降的危害应遵循以下原则：

1）对于普通植物绿地，由于垃圾沉降对其造成的危害较小，所以在施工中不考虑沉降危害。

2）对于高大种植物和景观构筑物片区，要尽量减少垃圾堆体沉降造成的影响，要根据建筑物及植物的实际情况（如根据建筑物所在区域垃圾堆体的尺寸和构筑物的结构及承重）对地下基础拿出详细的处置方案。

3）地下管网、渗滤液导排、南水导流等设施按照不同区域，充分考虑该区域垃圾堆体沉降量的情况，对管网采用不同的接头或在周边留出空余等方法。

4）平台（马道）结合预测的沉降量，应采取必要的加固措施。

（2）同避免沉降一样，封场工程同样要考虑垃圾堆体倒（坡）面发生收缩情况对封场施工产生的影响。为杜绝垃圾堆体侧（坡）面收缩产生危害对施工的影响，封场施工要注意以下情况：

1）在垃圾堆体侧（坡）面封场施工中，尽量避免使用从上到下穿透坡面的钢性结构物，以免产生翘壳。

2）水平向的刚性结构物在堆体变坡位置应作适应收缩变形处理。

3）管道的选材、埋深和接头同样应适应收缩变形。

考虑减少垃圾沉降危害，宜在整个堆体表面满铺加筋土工布，上面铺筑封场结构层，并设置一定数量的沉降观测点，以便于观测垃圾的沉降，减少垃圾沉降造成的危害。

5. 工程实例图片（图3.6-4）

图3.6-4 边坡整形加筋

3.6.3 通病名称：排水沟边坡失稳

1. 通病现象

因支护失稳出现土体塌落、支撑破坏，两侧地面开裂、沉陷（图3.6-5）。

2. 规范标准相关规定

《生活垃圾卫生填埋场封场技术规范》GB 51220—2017

9.2.1 垃圾堆体顶面、边坡及平台应设置表面排水沟，排水沟的设计应符合下列规定：

1 排水沟不应因垃圾堆体的沉降而形成倒坡；

图 3.6-5 边坡排水沟坍塌，排水不畅

2 应根据垃圾堆体上下游不同汇水量采用不同的排水沟断面尺寸，排水沟断面尺寸、水流量及流速等参数应符合国家现行防洪标准的要求；

3 排水沟应采用防不均匀沉降的结构或选择抗不均匀沉降的材料；

4 排水沟的布置应能有效防止表面径流对覆盖土的冲刷。

9.2.2 堆体边坡之间的平台上应设置承接上游表面径流的排水沟，并应与下游排水沟连接。

9.2.3 降水量和降水强度较大的地区，垃圾堆体边坡应考虑排水和护坡相结合的方案。

3. 原因分析

（1）施工原因

1）支撑不及时，支撑位置不妥造成支撑受力不均，以及支护入土深度不足，导致支护结构失稳破坏。

2）未采取降水措施，引起流砂或管涌，致使支护结构失稳破坏。

（2）材料原因

支撑结构刚度不够，槽壁侧向压力过大。

4. 预防措施

（1）设计措施

1）根据沟槽土层的特性，确定横列板的插入深度和支护结构的刚度。其插入深度应超过槽外土体滑裂造成的侧向压力面，并达到切断渗流层的作用。

2）在一般土质条件下，沟槽深度在 5m 以内，T/H 值可取 0.35；5～7m 深取 0.5；在 7m 以上时宜取 0.65。

3）土质条件较好，在液性指数 $IL \leqslant 0.25$ 的硬塑黏性土、降水良好的砂性土层中，T/H 值可按以上数值适当减少。

4）土质条件较差，在液性指数 $IL \geqslant 1$ 的软塑、流塑的黏性土、降水效果不明显的黏性夹粉砂土层中，T/H 值宜按以上数值适当增加。

（2）施工措施

1）在邻近建筑物或河道等地区开挖沟槽，除加深钢板柱入土深度外，还需在沟槽外侧进行加固支护措施，如施打树根桩、地层注浆、施打高压旋喷桩或探层搅拌桩等形

成隔水帷幕，防止基底隆起、管涌等现象发生。

2）横列板应水平放置，板缝严密，板头齐整，深度宜到沟槽碎石基础面，支撑完毕后，操作人员应经常校对沟槽中心线和现有净宽。当沟槽宽度在 3m 以内时，铁撑柱套筒可使用 D3.5×（5～6）mm 钢管；沟槽宽度大于 3m 时，宜采用桐木支撑或方钢支撑（根据沟槽宽度可分别选用 15cm×15cm、20cm×20cm 等）。铁撑柱两头应水平，每层高度应一致，每块竖列板上不应少于 2 只铁撑柱。上下两组竖列板应交错搭接。铁撑柱的水平间距不大于 2.5m，垂直间距不大于 1.5m，头档铁撑柱距离地面为 0.6～0.8m。每道支撑都应经常检查，充分绞紧，防止脱落。

3）开挖过程中支护的作业都要严格按施工技术规程进行。

4）采取措施防止因邻近管道的渗漏而引起支护结构的坍塌。

（3）材料措施

1）选用合适的支护设备保证支护结构的刚度。横列板现常用组合钢撑板，其尺寸为厚 6～6.4cm，宽 16～20cm，长 200～400cm，用铁板与角铁焊接而成。如施工地区木材资源丰富，可用成材 7.5cm×15cm×（400～600）cm，整列板则采用木撑板 10cm×20cm×（250～300）cm。

5. 治理措施

（1）沟槽支撑轻度变形引起沟槽壁后土体沉陷≤50mm，地表尚未发生裂缝和明显塌陷时，一般采用加高头道支撑，并继续绞紧各道支撑即可。

（2）沟槽支撑中等变形引起沟槽壁后土体沉陷 50～100mm，地表出现裂缝，地面沉降明显时，应加密支撑，并检查横列板之间缝隙有无漏泥现象，发生漏泥现象可用草包填塞堵漏。

（3）沟槽支撑破坏已造成邻近建筑物沉陷开裂或地下管线破坏等情况时，应及时对沟槽进行回灌水和回填土，然后在沟槽外侧 2～5m 处采用树根桩或深层搅拌桩、地层注浆等加固措施，形成隔水帷幕，再返工修复沟槽。

图 3.6-6　沟槽修复

6. 工程实例图片（图 3.6-6）

3.6.4　通病名称：施工现场存在火灾、爆炸安全隐患

1. 通病现象

垃圾填埋场由于填埋气体无序排放，给填埋场自身及周边地区带来较大的火灾爆炸安全隐患（图 3.6-7）。

2. 规范标准相关规定

（1）《生活垃圾卫生填埋场封场技术规范》GB 51220—2017

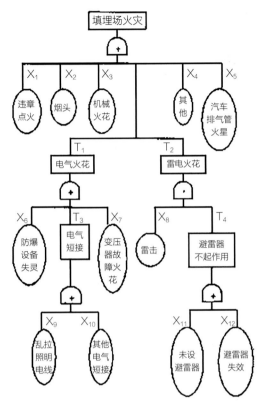

图 3.6-7　填埋场火灾爆炸事故树

3.4.1　应调查监测垃圾堆体上及其周边建（构）筑物内的甲烷气体浓度。

3.4.2　应对已有填埋气体收集导排和处理（利用）系统和垃圾堆体进行检查，并应确认有无填埋气体泄露、火灾和爆炸等安全隐患。

3.4.3　填埋区周边 50m 以内有建（构）筑物的填埋场，应在建（构）筑物与垃圾堆体之间设置气体迁移监测井监测填埋气体地下迁移情况。气体迁移监测井应设置在建（构）筑物与垃圾堆体之间距建（构）筑物基础 3m ～ 5m 处，气体迁移监测井数量宜为 3 个～ 5 个，并间距宜为 2m ～ 3m。

（2）《生活垃圾卫生填埋处理技术规范》GB 50869—2013

11.6.3　填埋场达到稳定安全期前，填埋库区及防火隔离带范围内严禁设置封闭式建（构）筑物，严禁堆放易燃易爆物品，严禁将火种带入填埋库区。

11.6.4　填埋场上方甲烷气体含量必须小于 5%，填埋场建（构）筑物内甲烷气体含量严禁超过 1.25%。

3. 原因分析

1）垃圾体的平整和排水沟的开挖安全：垃圾体的平整和排水沟的修建都涉及要对填埋垃圾进行开挖，而垃圾填埋体顶部是填埋气体向大气扩散的主要通道，如施工机械与坚硬物碰撞产生火花，足以点燃填埋气体，引发火灾或爆炸。如果开挖过程中遇到甲烷气体涌出则发生爆炸的可能性更大。

2）抽气导排井的钻井施工安全：传统的桩管施工工艺存在桩管内因填埋气体而引发爆炸的可能性。填埋气体有可能从桩尖与桩管之间的缝隙进入桩管内，与桩管内的空气混合而达到爆炸浓度范围，在桩锤击打桩头或桩管时，也可能产生火花，引起桩管中的混合气体发生爆炸。如因桩管强度偏低，不足以抵抗管内气体爆炸所产生的压力，就会发生桩管爆裂事故，造成设备损坏和人员伤亡。

3）抽气管网的装配安全：在抽气管网的铺设连接中，特别是准备用来发电的抽气管网连接，因为甲烷流量较大且甲烷浓度处于燃烧爆炸的浓度范围，发生火灾爆炸的可能性更大。

4）旧填埋场未能按我国现行的城市生活垃圾卫生填埋技术规范的要求进行设计、施工和使用，填埋场底部和周边没有采取防渗措施，产生的垃圾渗漏液和填埋气体（主要是甲烷气体）给周边住宅区的环境和安全带来了污染和隐患。尤其是填埋气体给住宅区带来的火灾和爆炸的安全问题不容忽视。

4．预防措施

（1）垃圾体的平整和排水沟的开挖安全：在开挖中必须做好对甲烷气体的适时监测，当发现有甲烷气体涌出或甲烷气体达到报警浓度时，用事先准备好的鼓风机进行吹风，将达到一定浓度的甲烷气体稀释吹散，施工中更要注意防止火源。

（2）抽气导排井的钻井施工安全：用黏土加水填入桩管中，堵住垃圾填埋体中的甲烷气体进入桩管的路径，使桩管中不能形成气体爆炸的条件，保证桩管成井施工的安全。同时加强如下安全防范措施。

1）桩管应采用无缝钢管，桩尖应采用封口桩尖。

2）要保证桩尖、桩管之间及桩管接头（如有该情形）之间的密封性，以免填埋气体由可能存在的缝隙进入桩管内带来安全危害。

3）打桩开始阶段，用力要轻，贯入少许深度后，再正常打入；拔桩过程尽可能速度均匀。

4）打桩机械种类较多，常用的机械有锤击法（电动锤、蒸汽锤、柴油锤等）、振动、冲击法（电动、液压）、静力压桩，在经济合理的基础上，应优先选用影响范围小的打桩方法。

（3）抽气管网的装配安全：在每个抽气井上应安装1个流量控制阀门，以便于安全检修和安装操作。

（4）阻止填埋场气体向外迁移的工程方案：第1步，在填埋场内部，气体迁移量较大的边界地带，设计一排抽气井，采用主动抽气方式，将填埋场边界部位的填埋气体和填埋场内部有可能通过该边界向住宅区方向迁移的填埋气体抽出，该措施实际上是在填埋场边界处形成一道主动式屏障以控制填埋气体向住宅区方向的迁移。第2步，在气体迁移的垂直方向，靠近垃圾填埋场的边界走向上开挖防渗墙（防渗墙是用混凝土浇灌的一堵宽约 0.51m、挖深到微分化岩石的混凝土墙）和进行帷幕灌浆（帷幕灌浆就是在靠近填埋体边缘平行打 3 排钻孔，每排钻孔间距为 1m，钻孔交叉布置，钻孔完成后往孔内注浆，用混凝土浆填充地下岩土的缝隙，形成一道屏障从而防止气体迁移）。在气体迁移的主要区段采用防渗墙，在迁移的次要区段采用帷幕灌浆，由于在开挖防渗墙和帷幕灌浆前，在垃圾填埋场内部边界上打了一排抽气井，阻挡了填埋场内气体的流出，使防渗墙开挖工程顺利进行。

5. 工程实例图片（图 3.6-8）

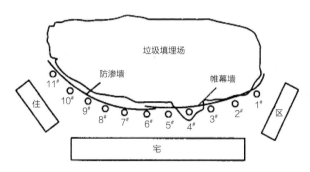

图 3.6-8　填埋场与住宅区位置示意图

参考文献

[1] 金荣庄、尹相忠.市政工程质量通病及防治[M].北京：中国建筑工业出版社，2007.

[2] 广州市建设工程质量监督站、广州市市政集团有限公司.建筑工程质量通病防治手册（市政部分）[M].北京：中国建筑工业出版社，2013.

[3] 中华人民共和国住房和城乡建设部.给水排水管道工程施工及验收规范：GB 50268—2008[S].北京：中国建筑工业出版社，2008.

[4] 中华人民共和国住房和城乡建设部.城市桥梁工程施工与质量验收规范：CJJ 2—2008[S].北京：中国建筑工业出版社，2008.

[5] 中华人民共和国住房和城乡建设部.沉井与气压沉箱施工规范：GB/T 51130—2016[S].北京：中国计划出版社，2016.

[6] 北京市市政工程设计研究总院.给水排水工程钢筋混凝土水池结构设计规程 CECS 138：2002[S].北京：中国建筑工业出版社，2003.

[7] 中华人民共和国住房和城乡建设部.给水排水构筑物工程施工及验收规范：GB 50141—2008[S].北京：中国建筑工业出版社，2009.

[8] 中华人民共和国住房和城乡建设部.压缩机、风机、泵安装工程施工及验收规范：GB 50275—2010[S].北京：中国计划出版社，2011.

[9] 中华人民共和国住房和城乡建设部.水处理用斜管：CJ/T 83—2016[S].北京：中国计划出版社，2017.

[10] 中华人民共和国水利部.村镇供水工程施工质量验收规范：SL 688—2013[S].北京：中国水利水电出版社，2014.

[11] 上海市政工程设计研究总院（集团）有限公司.给水排水设计手册（第三版），第3册 城镇给水[M].北京：中国建筑工业出版社，2017.

[12] 中华人民共和国住房和城乡建设部.城镇污水处理厂工程施工规范：GB 51221—2017[S].北京：中国计划出版社，2017.

[13] 中国工程建设标准化协会.建筑排水高密度聚乙烯（HDPE）管道工程技术规程：CECS 282：2010[S].北京：中国计划出版社，2011.

[14] 中华人民共和国建设部.城镇燃气输配工程施工及验收规范：CJJ 33—2005[S].北京：中国建筑工业出版社，2005.

[15] 中华人民共和国建设部.城镇燃气设计规范：GB 50028—2006[S].北京：中国建筑工业

出版社，2006.

[16] 中华人民共和国建设部 . 聚乙烯燃气管道工程技术标准：CJJ 63—2018[S]. 北京：中国建筑工业出版社，2019.

[17] 中国石油天然气集团公司 . 埋地钢质管道聚乙烯防腐层：GB/T 23257—2017[S]. 北京：中国标准出版社，2017.

[18] 中华人民共和国住房和城乡建设部 . 城镇燃气管道穿跨越工程技术规程：CJJ/T 250—2016[S]. 北京：中国建筑工业出版社，2016.

[19] 国家安全生产监督管理总局 . 爆破安全规程：GB 6722—2014[S]. 北京：中国标准出版社，2015.

[20] 中华人民共和国住房和城乡建设部 . 生活垃圾卫生填埋处理技术规范：GB 50869—2013[S]. 北京：中国建筑工业出版社，2014.

[21] 中华人民共和国建设部 . 生活垃圾卫生填埋场防渗系统工程技术规范：CJJ 113—2007[S]. 北京：中国建筑工业出版社，2007.

[22] 中华人民共和国住房和城乡建设部 . 生活垃圾卫生填埋场封场技术规范：GB 51220—2017[S]. 北京：中国计划出版社，2017.

[23] 中华人民共和国建设部 . 建筑防腐蚀工程施工规范：GB 50212—2014[S]. 北京：中国计划出版社，2015.

[24] 中华人民共和国建设部 . 机械设备安装工程施工及验收通用规范：GB 50231—2009[S]. 北京：中国计划出版社，2009.

[25] 中华人民共和国住房和城乡建设部 . 锅炉安装工程施工及验收规范：GB 50273—2009[S]. 北京：中国计划出版社，2009.

[26] 中华人民共和国住房和城乡建设部 . 国家质量监督检验检疫总局 . 工业金属管道工程施工及验收规范：GB 50235—2010[S]. 北京：中国计划出版社，2011.

[27] 辽宁省建设厅 . 建筑给水排水及采暖工程施工质量验收规范：GB 50242—2002[S]. 北京：中国标准出版社，2004.

[28] 安徽电力建设第一工程公司 . 电除尘器安装施工工艺标准：DF—2006[S].2004.

[29] 中华人民共和国水利部 . 聚乙烯（PE）土工膜防渗工程技术规范：SL/T 231—98[S]. 北京：中国水利水电出版社，1999.

[30] 中华人民共和国住房和城乡建设部 . 空间网格结构技术规程：JGJ 7—2010[S]. 北京：中国建筑工业出版社，2011.

[31] 中华人民共和国住房和城乡建设部 . 混凝土结构工程施工质量验收规范：GB 50204—2015[S]. 北京：中国建筑工业出版社，2015.

[32] 中华人民共和国住房和城乡建设部 . 工业建筑防腐蚀设计标准：GB/T 50046—2018[S]. 北京：中国计划出版社，2019.